BESTSELLER

JACOBO GRINBERG-ZYLBERBAUM

LA CONSTRUCCIÓN DE LA REALIDAD

DEBOLS!LLO

El papel utilizado para la impresión de este libro ha sido fabricado a partir de madera procedente de bosques y plantaciones gestionadas con los más altos estándares ambientales, garantizando una explotación de los recursos sostenible con el medio ambiente y beneficiosa para las personas.

Penguin Random House Grupo Editorial

La construcción de la realidad

Primera edición en Debolsillo: septiembre, 2024
Primera reimpresión: octubre, 2024
Segunda reimpresión: noviembre, 2024
Tercera reimpresión: febrero, 2025
Cuarta reimpresión: marzo, 2025
Quinta reimpresión: julio, 2025
Sexta reimpresión: septiembre, 2025
Séptima reimpresión: octubre, 2025
Octava reimpresión: diciembre, 2025
Novena reimpresión: febrero, 2026
Décima reimpresión: marzo, 2026
Undécima reimpresión: abril, 2026

ISBN: 978-607-384-834-3

Impreso en México – *Printed in Mexico*

ÍNDICE

JACOBO GRINBERG-ZYLBERBAUM: EL QUIJOTE DE LA CIENCIA

Por Emiliano Ruiz Parra

Jacobo Grinberg nació el 12 de diciembre de 1946 en la Ciudad de México, en una familia de inmigrantes que habían escapado de las persecuciones antisemitas en Europa del Este. Estudió psicología en la Universidad Nacional Autónoma de México (UNAM) y un doctorado en Neurociencias en la Universidad de Nueva York.

Jacobo Grinberg es uno de los mexicanos más desafiantes de la segunda mitad del siglo XX. Eligió el cerebro humano como tema de investigación y se propuso responder a la pregunta de dónde proviene *la experiencia*, es decir, cómo se construye la realidad en la mente. Esa respuesta lo llevó a formular la *teoría sintérgica* (*sintergia*, neologismo derivado de *síntesis* y *energía*), de la que se hablará más adelante.

Grinberg fue un hombre de ciencia, obsesionado con las mediciones objetivas y puntuales, los experimentos y las comprobaciones de laboratorio. Esa obsesión, sin embargo, no le impidió cruzar fronteras: conoció y divulgó los supuestos dones de los chamanes indígenas como Pachita, que realizaba trasplantes de órganos con un cuchillo de monte. Se tomó en serio las escuelas místicas, en especial la cábala judía y el budismo tibetano; estudió y practicó la meditación y el yoga. Sus intereses intelectuales quedaron registrados en más de 50 libros. Fue un autor prolífico que lo mismo escribió textos científicos que cuentos, novelas y una autobiografía.

En diciembre de 1994 Jacobo Grinberg desapareció. Nunca fue localizado y las autoridades no obtuvieron mayores pistas de su paradero ni de los posibles responsables de su secuestro. Su repentina ausencia provocó, primero, una temporada de olvido. Grinberg no era bien visto por la comunidad científica de su época y durante años había soportado acusaciones de charlatanería y falta de rigor científico. Con el tiempo, sin embargo, se ha formado un público dispuesto a las propuestas del doctor Grinberg. Quien se aventure a leer sus libros encontrará a un autor audaz, a un científico que cruzó fronteras y, sobre todo, a un ser humano que buscó la libertad en cada palabra escrita.

El ortodoxo

Antes de convertirse en un científico de mente abierta, Jacobo Grinberg fue un hombre de normas y estructuras tradicionales. Cuando era joven, escogió como mentor al profesor más rígido y exigente de la carrera en Psicología: el médico y neurofisiólogo Héctor Brust Carmona. "Se convertiría en la influencia más importante de mi vida —escribió el propio Grinberg—, mi ser reconocía en Brust la figura paterna que mi inconsciente anhelaba".

En los sesenta los estudios de psicología habían surgido dentro de la Facultad de Filosofía y Letras de la UNAM, que bullía entre movimientos de izquierda, pensadores existencialistas y jóvenes en pleno despertar político y sexual. El plan de estudios incluía materias más duras, como la psicofisiología, y los estudiantes debían caminar a la Facultad de Medicina a tomarlas. Entre esos profesores estaba Brust Carmona.

"Me burlaba de las emociones, considerándolas muestras de debilidad —escribió Grinberg en su autobiografía *La batalla por el templo* (1991)—, el impulso a ser admitido me perseguía siempre". Después de rigurosos exámenes, el joven Grinberg entró como aprendiz al laboratorio que dirigía Brust Carmona y se vestía siempre de bata, traje y corbata. Tanto en el laboratorio como en su vida matrimonial "todo debía vivirse de la misma forma, sin desviación alguna", recordó después. El joven Jacobo —al igual que Brust Carmona— estudiaba el núcleo caudado del cerebro: justo la parte del órgano que regula el control.

En esa época se aceptaba y practicaba la experimentación con animales. En el laboratorio de Brust lo hacían, sobre todo, con gatos. Se les abría la cabeza, se les conectaban ánodos y cátodos en el cerebro, y se les estimulaba con proteínas. Lizette Arditti, quien fue su primera esposa, me cuenta que el examen profesional de Jacobo provocó conmoción. Llevó a un gato con electrodos en la cabeza. El auditorio se crispó cuando el michi enseñó los colmillos después de que le estimularon la amígdala (un núcleo subcortical en el cerebro). En ese entonces, escribió Grinberg, "solo aceptaba los resultados de experimentos controlados". Aprendió a dominar las artes quirúrgicas, el registro encefalográfico y el método experimental. Y comprendía la física cuántica, central para sus teorías de madurez.

Y llegó 1968, ese año que subvirtió a las juventudes en diversas ciudades del mundo y, por supuesto, en la Ciudad de México. Para ese entonces, Jacobo ya empezaba a cuestionarse sus ideas sobre la vida. Y dio el paso: al igual que cientos de miles de jóvenes universitarios, se sumó al movimiento estudiantil. "Me gustaban las normas —reflexionó después— pero también empezaba ya a anhelar un cambio de estructuras". La tarde del 2 de octubre tenía planeado acudir a la marcha a Tlatelolco, pero uno de los gatos del laboratorio sufrió una crisis y Jacobo pasó horas dándole respiración de boca a boca y eso le impidió llegar a la marcha que devino en masacre. En los días que sucedieron a la matanza de las Tres Culturas, Jacobo acudió a cuidar a los gatos en medio de una universidad tomada por los soldados.

"Empecé a sentir una necesidad imperiosa de libertad y todo el control que me había impuesto comenzó a resquebrajarse, dentro de mí hervía la inquietud y el deseo de algo desconocido". Su atuendo sufrió cambios: guardó la corbata y comenzó a usar guayaberas, mezclilla y tenis.

La madre

Hay un tópico que se repite en los textos acerca de Jacobo Grinberg: el impacto que le provocó la muerte de su madre. El niño Jacobo tenía 10 años y cuidó a su mamá en su agonía, en la casa familiar de la calle Sócrates, en la colonia Polanco. Él mismo se pregunta si esa orfandad lo llevó a estudiar el cerebro, pues su madre falleció de un tumor cerebral.

"Yo pasaba mucho tiempo solo cuidando a mi mamá; pensaba yo mucho y pensaba en las distintas dimensiones del mundo", le contó a su amigo Juan José Sánchez Sosa.

Sin ese cimiento que era Estusha Zylberbaum, la familia quedó a la deriva, en manos de un padre violento y de una nana, Petra, que cuidó a los pequeños hermanos Nathán, Jacobo y Gerardo Grinberg, de acuerdo con el relato autobiográfico del propio Jacobo.

En un ambiente doméstico sofocante, Jacobo Grinberg se matriculó en la licenciatura en Física en la Facultad de Ciencias de la UNAM. Y se inscribió en un grupo sionista: quería emigrar a Israel. En ese grupo conoció a Lizette Arditti. Jacobo, recuerda Arditti, era un muchacho lector y muy intelectual, que desde entonces lucía una larga y cerrada barba negra. En unos meses se instalaron como trabajadores agrícolas en un kibutz a escasos 500 metros de la Franja de Gaza —uno de los kibutz atacados por Hamas el 7 de octubre de 2023.

"Descubrimos el amor con mucha libertad. No estaban nuestros padres para decirnos así sí o así no. Era una exploración hermosa y muy libre", recuerda Arditti más de medio siglo después. Arditti lo sigue llamando Jaco, como le decía de cariño cuando eran novios.

Un año después, Grinberg volvió a México. Su padre había tenido otro hijo con una nueva esposa: un niño "que era una hermosura", como recuerda el propio Grinberg. Ese pequeño se convertiría en el célebre actor Ari Telch. Arditti regresó también a la casa de sus padres, en Guadalajara. Jacobo la visitaba cada que podía. El propio Grinberg cuenta en sus páginas autobiográficas que era tímido y se quedaba callado en las comidas con sus suegros. Pronto abandonó la física porque reparó que las matemáticas no eran su fuerte, se matriculó en la carrera de Psicología y consiguió trabajitos como ayudante de maestro y auxiliar de laboratorio. Su amigo y también estudiante de psicología Juan José Sánchez Sosa recuerda que ambos trabajaban en el laboratorio de la Preparatoria 4, al poniente de la Ciudad de México. Con una mínima autonomía económica, el 25 de septiembre de 1968 Jacobo y Lizette se casaron en la sinagoga de la calle Monterrey, en la colonia Roma de la Ciudad de México. Lo celebraron con un brindis en la casa de los padres de Arditti, que se habían mudado a la Ciudad de México. En 1971 nació Estusha Grinberg, la única hija de Jacobo y Lizette.

Jacobo era un muchacho bajito y regordete de —más o menos— un metro sesenta de estatura. "Un osito", como lo recuerda Juan José Sánchez Sosa. Un joven de buen sentido del humor, que contaba chistes.

"Lo recuerdo muy claramente como alguien excepcionalmente despierto. Muy perceptivo. Era optimista y muy cercano interpersonalmente. Ponía mucha atención a lo que estaba uno diciendo, lo pensaba, lo comentaba e interactuaba a partir de eso", me dice Sánchez Sosa en su laboratorio de la Facultad de Psicología, de la que es profesor emérito.

Grinberg empezó a cuestionarse ideas incluso desde su propia vida personal.

"Abrazaba a Lizette, pero soñaba con otras mujeres", escribió Grinberg en su autobiografía.

"Era todo muy lindo hasta que Jacobo empezó a despertar a otras mujeres", me cuenta Arditti. Jacobo trató de convencerla de tener una relación abierta. "Yo no pude con eso. Me dije: tengo que hacerle caso a mi corazón, no a las ideas. Y ahí hay una separación contundente y Jacobo agarra su camino".

En *La batalla por el templo* Grinberg cuenta sus múltiples búsquedas que lo llevaron a romper con maneras de ser y de pensar que había aprendido de su rígida madre y de los maestros del Colegio Israelita. Grinberg amó profundamente a las mujeres. A su hija Estusha, sobre todo, y a Lizette mientras fue su pareja. Los enamoramientos de Grinberg eran como erupciones volcánicas. Se fascinaba por una mujer y la amaba locamente unas semanas; luego llegaba el aterrizaje a la realidad, empezaban los pleitos constantes y Grinberg se sentía agobiado.

"Siento que no era muy maduro en la parte afectiva", me dice Arditti en entrevista.

La pareja intentó una reconciliación. Grinberg se fue a estudiar el doctorado a la Universidad de Nueva York, al laboratorio de Estudios del Cerebro, que dirigía Roy John. En Nueva York, Grinberg experimentó un despertar intelectual y empezó a forjar sus más revolucionarias ideas. Lizette y la pequeña Estusha lo alcanzaron y retomaron la vida familiar. Pero a las pocas semanas ocurrió lo mismo: Jacobo se sintió "en una prisión" y la pareja se separó por segunda vez. El viaje, sin embargo, fue provechoso para ambos. Lizette hizo una maestría en Psicología Humanista y descubrió su segunda vocación, la pintura. Aun después de separarse, Grinberg le llevó a Arditti cada uno de sus más de 50 libros. Sabía que ella los leería y comprendería.

Años después, Grinberg reflexionaría acerca de su rompimiento con Arditti: "Lizette era mi amiga, hermana y esposa, y ambos nos sosteníamos a la perfección. Solamente cuando se pierde una relación así se percibe lo maravillosa que era".

La teoría sintérgica

Los chamanes indígenas, los lamas tibetanos, la cábala judía. Grinberg les dedicó atención y escribió sobre ellos como ningún otro investigador mexicano de su época. Pero fue más lejos, en busca de explicarse la conciencia terminó por ofrecer una teoría del cosmos. Grinberg se preguntó cómo se forma *la experiencia*: aquello que los seres humanos percibimos y conocemos como la realidad:

"Jacobo quería entender el mundo consciente: lo que vemos, tocamos, saboreamos, sentimos. A Jacobo le interesaba el hecho de que nosotros estamos conscientes y podemos hacernos preguntas como de dónde vienen los átomos, cuál es el origen de la vida, y otras", me dice Manuel Delaflor, quien fuera su discípulo durante seis años.

Grinberg pronto se dio cuenta de que no existía una dicotomía entre la realidad y nuestra percepción, o entre la materia y la idea que tenemos de esta. Ambas eran una sola cosa y había que entenderlas como una unidad. O mejor aún, como *la Unidad*.

Y para explicarlo ofreció la teoría sintérgica.

El universo —propone esta teoría— está conectado a través de la *lattice* (celosía, enrejado), una matriz, constituida a nivel cuántico, que contiene toda la información del universo. La lattice contiene la misma información en todos y cada uno de sus puntos. Lo que nosotros conocemos como realidad es el resultado de la interacción entre la lattice y nuestro campo neuronal. Pero el ser humano no es un receptor pasivo de la lattice. La conciencia no solo recibe la información. También participa de ella. Al hacerlo, la altera y la modifica.

"Cuando la energía se concentra de cierta forma en el cerebro se produce lo que él llama un campo neuronal, que interactúa con la lattice o matriz básica del espacio, y de esta interacción surge el mundo que vemos. ¿Cómo se crea la experiencia? Es la distorsión producida por la actividad cerebral —me explica Delaflor—. Sí existe un mundo material, pero lo que nosotros percibimos está mediado por esta interacción. Lo que percibimos está construido, no está dado".

El cerebro, para Grinberg, es una estructura *similar* a la lattice: un cuerpo orgánico cuyos 12 mil millones de neuronas se conectan por medio de los axones. El cerebro, dice Grinberg, es un espejo donde se refleja la lattice. Y el órgano capaz de decodificarla por medio de un proceso que llamó la *neuroalgoritmización*.

Durante meses, Grinberg estuvo presente en la sala de operaciones de Bárbara Guerrero, *Pachita*. ¿Cómo debe reaccionar un científico ante lo que veían sus ojos? Grinberg cuenta que Pachita sacaba tumores o trasplantaba órganos sanos después de extirpar riñones o pulmones enfermos. Lo que más interpelaba a Grinberg era que, de la nada, aparecían en las manos de la chamana un riñón, un pulmón o un pedazo sano de cerebro que injertaba en los cuerpos de sus pacientes.

Grinberg se explicó esos milagros por medio de su teoría sintérgica. Decía: el cerebro de Pachita es capaz de alterar la lattice. Por eso el interés de Grinberg en estudiar los cerebros de los chamanes mexicanos y los lamas tibetanos.

"Lo voy a explicar en términos especulativos: si el cerebro construye el mundo que vemos, ¿qué pasa si nos encontramos con un cerebro que no procesa el mundo como los demás? El chamán aparentemente tiene capacidades que le permiten hacer predicciones o curaciones de formas que no son entendidas de manera convencional porque su conciencia es distinta: distorsionan de otra manera la base del espacio y, por lo tanto, tienen habilidades que otros no tienen. El interés de Jacobo, más que antropológico, era 'necesito encontrar cerebros que no funcionan como los cerebros convencionales para ver si la teoría tiene sustento'", dice Delaflor.

"Todos nuestros pensamientos están interrelacionados [...] muchos ni siquiera son nuestros, sino que vienen del colectivo", anotó Grinberg. En busca de huellas medibles de la interacción entre el cerebro humano y la lattice, pensó en el concepto *potencial transferido*. Quería saber si los cerebros de dos personas podían comunicarse. El experimento era sencillo: dos personas se encontraban y conversaban. Después, metía a cada uno a una cámara de Faraday, en donde no tenían ningún tipo de contacto. Ahí, estimulaba solo al sujeto A. Quería saber si el cerebro del sujeto B, en ese mismo momento, registraba una variación eléctrica medible por los aparatos. Según el periodista Sam Quiñones —que escribió sobre Grinberg tres años después de su desaparición—, sus resultados fueron positivos en el 25 por ciento de los casos.

"Para la ciencia son casualidad. Como no se ha logrado replicarlo con un nivel estadístico confiable, la comunidad científica lo ha eliminado de sus áreas de experimentación", escribió Leah Bella Attie (*Alicia en el país de la conciencia*). Attie era la colaboradora de Grinberg que estaba a cargo de los experimentos de potencial transferido a la desaparición del investigador.

La teoría sintérgica no se tomó en serio. "Me siento como excomulgado, viviendo al margen de la sociedad, [ese ha sido] el precio a pagar por no someterme al paradigma imperante", escribió Grinberg en *La batalla por el templo*.

Meses antes de desaparecer, Grinberg recibió a un reportero. Le dijo que sus investigaciones tenían tres vertientes: el enfoque neurofisiológico, que desarrollaba en el laboratorio; el enfoque chamánico, que se hacía en el trabajo de campo, y el estudio de las distintas escuelas místicas. "Lo acusan de charlatanería", lo provocó el reportero. "La ciencia se define por su método, no por sus temas", replicó el psicofisiólogo.

Sam Quiñones hace una bella síntesis de la sintergia: "La teoría por la que Grinberg llegó a ser conocido reflejaba su personalidad. Basándose en la física y en sus experiencias con curanderos, un poquito de Einstein, un poquito de doña Pachita, su mensaje esencial era cálido y esperanzador: toda la humanidad está interconectada. Grinberg pasó casi toda su vida de adulto tratando de probar esta idea. Si tuvo éxito o no es un debate que continúa en su ausencia".

El laboratorio

Así lo describe Manuel Delaflor: "Entrabas y había un espacio de oficina con el escritorio de Jacobo enfrente de una ventana. Había libreros por todos lados y podíamos sentarnos ahí ocho o diez personas con sillas alrededor del escritorio. Luego un pasillo, otra computadora y varios estantes y aparatos de registro electroencefalográfico. Después venía un baño independiente y una cámara de Faraday en donde podía la gente entrar y estar aislados electromagnéticamente del entorno".

Leah Bella Attie y Amira Valle tenían poco más de 20 años cuando trabajaban con Jacobo Grinberg. Ellas han escrito un libro para rescatar sus memorias y los trabajos científicos que hicieron con la dirección de su maestro. Se llama *Alicia en el país de la conciencia* e hicieron una edición de autor en 2014. Ellas conocieron a Jacobo Grinberg cuando él estaba en la cuarta década de su vida. Grinberg ya había desarrollado sus principales teorías. Era consciente de la heterodoxia de sus planteamientos y del rechazo que provocaban en los científicos institucionales.

En el volumen, Attie y Valle cuentan que cuando Jacobo Grinberg llegaba enojado al laboratorio "su energía era tan fuerte que las computadoras paraban o no prendían. Teníamos que poner las manos encima para que se calmaran como si fueran cachorritos". Por el contrario, cuando Grinberg estaba feliz y entusiasmado, "el hipercampo del laboratorio cambiaba" los aparatos funcionaban a la perfección.

Jacobo Grinberg dirigía el laboratorio número 23 de la Facultad de Psicología de la UNAM, el cual obtuvo cuando lo nombraron coordinador de la maestría en Psicobiología. Allí pasaba la mayor parte de su tiempo. "Tenía cámaras de Faraday, electroencefalógrafos, equipos para inducir sonidos con bocinas; tenía registros psicofisiológicos, tasa cardiaca, pletismógrafo para respiración, [medidores de] temperatura distal periférica", recuerda Juan José Sánchez Sosa, quien, en la década de los noventa, era director de la Facultad de Psicología. La cotidianidad se desarrollaba entre computadoras, plumillas y papel de electroencefalograma.

"Jacobo era muy entusiasta y podía ser muy convincente y elocuente con las personas correctas. En la UNAM nosotros teníamos siempre las mejores computadoras antes que nadie. Era el mejor laboratorio", recuerda Delaflor.

Celebraba reuniones semanales cada viernes a las tres de la tarde. Attie y Valle cuentan que era una delicia intelectual. Discutir los proyectos de trabajo, los hacía hablar de filosofía, ciencias y disciplinas orientales. Y no tuvo problema en aceptar entre sus colaboradores al "genio autodidacta" —así lo llamaba— Manuel Delaflor, quien carecía de títulos y diplomas.

Jacobo Grinberg también se postulaba a diversas convocatorias del Conacyt y la UNAM para obtener becas para los 15 colaboradores que llegó a tener el laboratorio.

"No existían los buscadores [de internet], pero Jacobo era muy diestro buscando y encontrando qué fundaciones financiaban proyectos. Alguna vez me dijo 'no tienes idea de la cantidad de dinero que nadie usa porque nadie responde a las convocatorias'. Él conseguía dinero del Conacyt, que ya existía, con relativa facilidad", recuerda Sánchez Sosa.

Al laboratorio acudían lamas tibetanos, chamanes indígenas, cabalistas judíos, pacientes operados por Pachita. Grinberg los invitaba a que entraran a la cámara de Faraday, a ponerse gorritos con electrodos en la cabeza y medirles el *potencial evocado* y el *potencial transferido*, conceptos centrales en las investigaciones del equipo. El laboratorio era el epicentro, pero los investigadores salían a confrontar sus hallazgos. Delaflor recuerda que acompañó a su maestro a ver a luminarias contraculturales de su época como Carlos Castaneda —el autor de *Las enseñanzas de don Juan*— o el muy excéntrico jesuita Salvador Freixedo, experto en ovnis.

"Jacobo daba batallas frontales para defender el laboratorio de despiadados ataques", escribió Amira Valle. Ataques que provenían de "el grupo de neurofisiólogos que no podía aceptar que un miembro de su comunidad hubiese cambiado radicalmente el enfoque, alejándose de la ortodoxia". Por esas épocas, Grinberg dirigía el curso de meditación en el auditorio de la facultad; tenía la cátedra de Mecanismos de la Memoria, y además daba un seminario con especialistas, con quienes discutía temas diversos.

"Cuando empieza a describir estas otras experiencias que parecían no tener explicación, una gran cantidad de la comunidad científica de la UNAM y de afuera dijeron 'es otro charlatán, ya está hablando de cosas raras, no está haciendo ciencia', pero Jacobo nunca dejó de usar el laboratorio con la metodología apropiada", recuerda su amigo y colega Sánchez Sosa.

"Cerramos los jueves", decía un letrero pegado en la puerta del laboratorio. Leah Bella Attie descubriría que los jueves Jacobo Grinberg se dedicaba a meditar, hacer yoga y profundizar en prácticas orientales. Leah quiso sumarse, después uno y otro colega de su equipo se fueron animando hasta que los jueves se convirtieron en el día en que varios integrantes del laboratorio viajaban a la cabaña que Grinberg tenía en algún lugar de los Altos de Morelos. Allí les enseñó yoga, meditación autoalusiva, Prana Yana (una técnica de respiración) y caminatas de conciencia: a cada paso tocarse un dedo y decir za-ta-na-ma... "Era ver al académico transformarse en nuestro maestro espiritual", escribió Attie. "Durante un tiempo, cada jueves, ahí íbamos a hacer meditación. La cabaña estaba en medio del bosque y no tenía agua ni luz, ni nada", dice Delaflor.

Era una época sin internet ni celulares. Las cartas se recibían por fax y se imprimían en ruidosas impresoras de puntos. No había teléfono adentro del laboratorio y, cuando Grinberg tenía llamada, Leah era la responsable de salir corriendo a contestar el teléfono.

Algunos colaboradores se ganaron el mote de "los cuatro sintérgicos". Uno de los sueños de Grinberg era establecer el Instituto Nacional para Estudios de la Conciencia (INPEC): un espacio donde integrar sus búsquedas científicas y espirituales: continuar con sus investigaciones y también enseñar meditación y yoga. Pero sobrevino su desaparición a fines de 1994 y sus proyectos quedaron en vilo.

Las fronteras

Jacobo Grinberg cruzó las fronteras de la ciencia. Experimentó con la ouija, el I-Ching, la astrología y la cábala; creyó en la *visión extraocular* (ver sin los ojos) y enseñó a los niños a practicarla. De acuerdo con sus escritos, alguna vez logró levitar; rememoró 12 vidas pasadas y al menos dos veces *mudó de cuerpo*. Fue a Costa Rica a buscar señales de la Atlántida, el continente perdido, acompañado de chamanas de ese país. Cuando Grinberg escribió sus libros la contaminación del aire en la Ciudad de México era ya insoportable. Según su propio testimonio, no se quedó cruzado de brazos: con ejercicios de respiración y meditación limpió la atmósfera de algunas de las manzanas a la redonda. Luego se comunicó a la Secretaría de Ecología (*sic*) para ofrecer su técnica y fue cortésmente desairado.

Pero acaso su experiencia más audaz la vivió junto a Bárbara Guerrero, *Pachita*, la chamana que hacía trasplantes de órganos con un cuchillo de monte. Grinberg atestiguó decenas, acaso cientos de operaciones de pacientes que llegaban desahuciados y se iban felices, sanos y curados. Pachita —cuenta Grinberg— entraba en trance y el espíritu de Cuauhtémoc, el último emperador azteca, tomaba el cuerpo de la chamana. Grinberg se dirigía a Pachita como "Hermano", porque en realidad le hablaba a Cuauhtémoc, con quien conversaba en los intervalos entre paciente y paciente.

"Supe que yo estaba ahí no para fundar un instituto [de estudios de la conciencia] sino para establecer un puente de unión entre Cuauhtémoc y Quetzalcóatl [...] Cuauhtémoc me animaba a escribir en un lenguaje florido [...] me contaba de su vida de emperador y de la terrible conquista [a la] que fue sometido él y su reino", cuenta el propio Grinberg. "Publiqué un libro sobre Pachita y mis colegas de la UNAM pensaron que había enloquecido", recordó después.

En la India fue a buscar a un gurú de 800 años de edad, pero llegó tarde: había muerto tres días antes. En México buscó al chamán don Panchito, menos longevo, pero que llegó a los 130 años. También estuvo en busca de las huellas históricas del indio yaqui Juan Matus, el sabio de *Las enseñanzas de don Juan*. Se convenció de su existencia histórica y absorbió sus ideas por medio de los libros de Carlos Castaneda.

"Comencé a sospechar que las ideas que yo suponía mías en realidad me habían sido dadas por don Juan desde el otro mundo [...] mi campo neuronal había logrado interactuar con don Juan en alguna zona de la lattice".

He hecho una enumeración de algunas de las fronteras intelectuales que Grinberg cruzó, y que él mismo contó en el delicioso volumen autobiográfico *La batalla por el templo* (1991). Lo dicho aquí con prisa y trivialidad posee, en realidad, un atrevimiento que el lector solo encontrará cuando lea los libros de Grinberg.

Su audacia intelectual más seductora tiene un giro borgiano o de cuento de Philip K. Dick. Cuenta Grinberg que, en los años cincuenta, un inmigrante europeo llegó a una universidad norteamericana a dictar conferencias sobre la conciencia. Se le conocía como el Viejo. Convocó a sus estudiantes más comprometidos a apartarse a una vida de reflexión en una reserva indígena. Ahí, el maestro llegó a un grado tan elevado de meditación que un día se esfumó entre los árboles. Ese maestro se llamaba —coincidentemente— Jacobo *Albert* Grinberg-Zylberbaum.

Décadas después, uno de los discípulos del Viejo encontró los libros de Jacobo Grinberg —el mexicano—, y notó que coincidían punto por punto con las enseñanzas del viejo Albert. Grinberg —el joven— se pregunta si acaso el espíritu del Viejo lo ha tomado y guiado desde su infancia, específicamente desde un momento crucial: la muerte de su madre, Estusha. "¿Era Albert el arquitecto del plan y yo una simple herramienta en sus manos para realizar sus deseos?", se pregunta. Acerca de aquel hombre "de vez en cuando recibo noticias confirmatorias de su existencia y de su conexión misteriosa con la mía".

Sin embargo, dice Delaflor, Jacobo siempre renegó de que lo tildaran de *parapsicólogo.* "Esto es ciencia", decía.

Y nunca, recalca su amigo Sánchez Sosa, nunca Jacobo Grinberg perdió contacto con la realidad. Era reticente al consumo de alcohol y drogas. Nunca alucinó ni oyó voces.

"Buscaba la explicación científica para aquello que no parecía científico. Siempre regresaba a la metodología científica, principalmente la metodología experimental. Le alborotaba la mente el encontrar un puente entre lo que había visto aparentemente sin explicación ninguna y lo que sabíamos de neurofisiología y psicofisiología", afirma.

El hobbit

"De lejos parecías un hobbit de Tolkien, bajito, regordete", le escribe Amira Valle. Poseía una bella voz de tenor. En la intimidad —me cuenta Estusha Grinberg— le gustaba cantar arias de ópera. Acumulaba frascos de vitaminas y las consumía seguido, y en las paredes colgaba collages de fotografías de sus viajes, en particular sus retratos con lamas o chamanes. Le gustaba la comida judía, pero en la cotidianidad lo recuerdan comiendo en el puesto de quesadillas de la Facultad de Psicología y disfrutando tacos de chile relleno.

Se movía en cochecitos sencillos: un vochito azul celeste y un Brasilia, que lo llevó con Estusha en un largo viaje hasta San Francisco, California. Se encerraba a escribir y a meditar en una cabaña en el fraccionamiento Los Robles, en Morelos, que había bautizado como *Safed* en honor a una ciudad de cabalistas en Israel. Ahí no había luz ni agua, solo paz y silencio.

Tenía carácter fuerte. Impulsivo, me dice Manuel Delaflor. "Gruñón, sangroncito, fascinante, un genio", añade Amira Valle. "Duro, exigente y perfeccionista", dice Leah Bella Attie. "No era una persona realizada, no tenía logros contemplativos ni regulación emocional", según Valle. "Jacobo era neurótico. Nos hizo llorar varias veces. La gente lo tenía idealizado: no estaba iluminado", remata Attie.

Ella cuenta que Grinberg dormía poco. "Decía que su cabeza era un radio. Un día no podía dormir, prendió su radio de onda corta y escuchó la noticia: empezaba la guerra del Golfo".

"Soy una especie de iluminado neurótico", se confesó Grinberg ante Attie. Hay una escena que quedó marcada en los recuerdos de Amira y Leah. Además de científica en ciernes, Leah era bailarina. Se preparaba para una presentación en el Festival Cervantino y tenía un ensayo aquella tarde. Se disculpó por retirarse antes de su hora de salida y se despidió de sus colegas. Grinberg montó en cólera. Golpeó la mesa con los puños y le puso un ultimátum: elige el laboratorio o la danza. Uno de los colaboradores lo llamó a la calma.

"Está bien, pero termina lo que estás haciendo en el laboratorio porque no me queda mucho tiempo", pidió Grinberg.

Su hija Estusha lo recuerda de una manera diametralmente distinta: un padre amorosísimo y muy consentidor, y un hombre sereno que nunca se estresaba. Amira Valle y Leah Bella Attie también lo rememoran haciendo expediciones al Espacio Escultórico para meditar en grupo o caminando entre las milpas y nopaleras de Morelos tras una sesión de yoga. A Grinberg le emocionaba el aprendizaje. Cuando aprendía algo nuevo parecía un niño feliz.

De niño le llamaban Jacky en la familia y lo hacía feliz ir de vacaciones a Acapulco. En ese entonces criaba tarántulas, desarmaba radios y televisores para aprender su funcionamiento y construía pequeños aviones. En esos años tuvo un sueño revelador: estaba adentro de una nave espacial y un ser extraño le ponía cables en la cabeza. Le enseñaba a leer libros con solo poner sus manos encima del volumen y le daba una predicción que se cumpliría décadas después: escribirás muchos libros.

El escritor

Nunca acudió a un taller literario ni manifestó, de niño o adolescente, deseo de convertirse en escritor. Sin embargo, un día —un día que recuerda bien Lizette Arditti—, se propuso escribir.

"Yo quiero escribir, y voy a hacer mucho dinero de escribir. Siento que puedo hacer suficiente dinero y entonces voy a poder dejar la facultad".

Por aquel entonces Estusha tenía apenas cuatro añitos de edad. "Su apasionamiento por escribir le dio de un día para otro", recuerda Arditti. Era 1972, posiblemente. Desde entonces y hasta 1994, el año de su desaparición, Jacobo Grinberg escribió más de 50 libros. Sus obras solían ser breves, pero su fiebre escritural no deja de ser un portento para un académico de tiempo completo, viajero incansable, que pasaba parte de su tiempo buscando financiamientos para la investigación o tomaba algún empleo ocasional para completar sus ingresos.

"En ocasiones podía escribir durante horas y sentirme fresco en lugar de cansado", recordaba el propio Grinberg en el libro dedicado a Pachita. Y sí: llenaba agendas con su letra pequeñita que luego pasaban a máquina sus asistentes de investigación. Escribía cuatro libros simultáneamente y se aventuró a diversos géneros. Libros de texto para estudiantes, tratados científicos; pero también cuentos y novelas de ciencia ficción, poemas y su volumen autobiográfico, una honesta revisión de sí mismo —a veces quizá demasiado severa— que recuerda a las *Confesiones* de San Agustín.

"Se sentaba durante horas, todo lo escribía en manuscrita y nunca corregía, o mínimamente", añade Arditti, testigo de su súbita conversión a escritor. Primero empezó con cuentos: "Sus cuentos son sueños de libertad —me dice—, de encontrarse a un sabio en una cueva que le diga de qué trata la vida y el cosmos. Y tuvo una evolución hasta novelas más complejas como *Los cristales de la galaxia*, completamente integrada a la teoría sintérgica".

De joven se bebió a los grandes autores de ciencia ficción. Todos, dice Arditti: Asimov, Clarke, K. Dick, Le Guin…

A veces dictaba sus textos en casetes que luego transcribían sus asistentes de investigación. Los martes eran sus días de escritura en el laboratorio. Además, se encerraba en su cabaña del fraccionamiento Los Robles, en Ahuatlán, Morelos, a poner sus ideas en negro sobre blanco. Entre sus discípulas corrió la idea de que podía escribir un libro en una sola noche.

Aprendió a jugar con las palabras, como lo fue con la creación del nombre de su teoría sintérgica. Con las metáforas puestas al servicio de la ciencia, la noche estrellada le hacía pensar en una red neuronal: las estrellas hacían sinapsis unas con otras. El cosmos como un gran cerebro pensando: pensándonos. Lo mismo imaginó del planeta: si la Tierra es un ser viviente —como estaba seguro que era—, ¿en dónde estaría su mente? ¿Dónde guardaría sus recuerdos? Alguna vez hizo esta pregunta frente a sus colegas del laboratorio y Amira Valle aventuró una respuesta: en el mar, ahí está la memoria de la Tierra. Grinberg asintió.

Los delfines

Jacobo Grinberg nadando con delfines. Esa es la última imagen que Amira Valle y Leah Bella Attie guardan de su maestro, en noviembre de 1994. Querían probar si era posible que los cerebros de los niños con autismo y los cerebros de los delfines experimentaran el potencial transferido. Habían conseguido gorritos con electrodos adaptables a los mamíferos marinos del parque acuático Atlantis, en el Bosque de Chapultepec. Como Attie estaba embarazada, se quedó en la orilla. Amira, Jacobo y Terita —su última esposa— se lanzaron al acuario con trajes de neopreno. Todo iba bien hasta que un delfín atacó a Terita y la obligó a salir de la alberca. La jornada de nado con delfines terminó con un regusto amargo.

Tres décadas después, estos sucesos se leen como una señal de mal augurio o, quizá, un asomo de advertencia interespecie. ¿Qué percibió aquel delfín de lo que ocurría con Grinberg?, se pregunta Attie.

"La conocí en una reunión, vestida al estilo iraní y con unos ojos rasgados que le daban una apariencia extraña. Más rara me pareció su conducta y su lenguaje", escribió el científico en su autobiografía. Poco antes de conocerla, Grinberg había visitado a un quiromanciano que había leído las líneas de su mano. Le dijo que "estaba a punto de conocer a [su] verdadera compañera... y que sería mi última oportunidad de formar una relación estable", como escribió Grinberg en *La batalla por el templo*. Grinberg decidió creerle y se casó con Teresa Mendoza, *Terita*, la mujer que ha sido señalada como sospechosa de colaborar en su desaparición.

En las vísperas del 12 de diciembre de 1994 —cumpleaños de Jacobo Grinberg— lo esperaban en casa de Luis Schettino —uno de "los cuatro sintérgicos"— para celebrar sus 48 años, pero nunca llegó. Su familia también le había preparado una comida que se quedó sin cumpleañero.

Las alertas tardaron algunas semanas en encenderse, porque Grinberg y Teresa tenían un viaje programado a Campeche y luego otro a la India. La policía de investigación descubriría después que ni siquiera habían comprado los vuelos. Nunca se volvió a saber de Jacobo Grinberg.

Hay distintos puntos de vista sobre los últimos meses del científico y en particular del papel de Terita. Sam Quiñones, periodista estadounidense que se interesó por el psicofisiólogo tres años después de su desaparición, afirma que 1994 había sido un buen año para el investigador. Los experimentos sobre potencial transferido eran prometedores; Grinberg los había llevado a un congreso internacional y había regresado *radiante*. Estaba feliz porque recibió noticias de que el libro *Pachita* sería traducido al inglés. En efecto, tenía problemas con Terita, pero se debían a que ella quería tener hijos y Jacobo no. Salvo eso, "Grinberg tenía todas las razones para estar con Terita".

Otros indicios apuntan a que Grinberg y Terita mantenían una pésima relación. A su hermano Jerry, Grinberg le había dicho que tenía miedo de su pareja y prefería dormir en una combi (testimonio dado al cineasta Ida Cuéllar). La desaparición sigue sin aclararse. El documental *El secreto del doctor Grinberg* (Ida Cuéllar, 2020) especula con la hipótesis de que la Agencia Central de Inteligencia de Estados Unidos (la CIA) secuestró a Grinberg —posiblemente— para usar sus descubrimientos con propósitos militares. La película de Cuéllar apunta a que Terita pudo haber colaborado en la desaparición.

A principios de diciembre de 1994, sonó el timbre del teléfono en el laboratorio. Ruth Cerezo, una de "los cuatro sintérgicos", tomó la llamada. Era Terita, quien le informaba escuetamente que ya no esperaran a Jacobo durante el resto del mes. Pero pasó el tiempo y, al no recibir señales de vida, la familia y amigos de Jacobo acudieron a las autoridades. La Procuraduría General de Justicia del Distrito Federal asignó al comandante Clemente Padilla como responsable de la investigación. Padilla estableció que Grinberg había desaparecido contra su voluntad, pero nunca lo encontró y apuntó hacia Teresa como sospechosa. Hasta el día de hoy el caso sigue sin aclararse.

Los recuerdos de Valle y Attie pintan a un Jacobo Grinberg librando batallas. Una de ellas con Terita: Jacobo llegaba alterado al laboratorio "especialmente después de pelearse con Teresa, y perdía por completo el control, [estaba] en mucha turbulencia emocional", escribieron en el manuscrito inédito *Anécdotas de laboratorio*.

La desaparición de Grinberg dejó en la orfandad a varios de sus colaboradores. "Cuando él desaparece canibalizan el laboratorio: todo el mundo se pelea por las cosas porque teníamos lo mejor de lo mejor", dice Delaflor. Valle y Attie acusan que aquellos colegas que menospreciaban su trabajo se apropiaron de las computadoras y los sofisticados aparatos de su laboratorio, que quedó clausurado. A Estusha se le permitió sacar objetos personales de su papá, pero las investigaciones, los *papers*, los proyectos quedaron interrumpidos y abandonados.

Desde entonces, la familia de Jacobo Grinberg se ha encargado de resguardar y difundir su legado. Lizette Arditti, en su momento, fue la creadora de las portadas originales de los libros de quien fuera su primer esposo. Su hija, Estusha Grinberg, gestiona la página web oficial: jacobogrinberg.com. Ella es una de las representantes más importantes del género World Music en México, y musicalizó el libro de poemas *Cantos de ignorancia iluminada* de su padre. Su página web es estusha.com. Nicolás Mesnage, yerno de Jacobo, ha sido un promotor infatigable de los libros de Grinberg, al ser el primero en digitalizarlos y ponerlos de vuelta al alcance del gran público. Jacobo Grinberg tiene hoy dos nietas —a las que no conoció—, Ixchel y Leilani. Esta última es la autora del retrato que acompaña este texto. La Biblioteca Jacobo Grinberg que se publicará en bolsillo forma parte de este esfuerzo por mantener el legado del científico mexicano.

En internet circulan fantásticas hipótesis: que lo secuestraron los ovnis, que se transformó en el Subcomandante

Marcos del EZLN o que llegó a un estado meditativo tan elevado que simplemente se evaporó. Una de las teorías compara a Jacobo Grinberg con Neo, el personaje de la película *The Matrix* (hermanas Wachowski, 1999). La *matrix* es un programa de realidad virtual en el que todos vivimos inmersos. Los robots han tomado el control del mundo y nos mantienen esclavizados, conectados a cables para extraer nuestra energía. Esos mismos cables nos conectan a *the matrix*, a la ilusión en la que creemos estar vivos, mientras somos expoliados. Jacobo Grinberg, como Neo, se ha liberado de esa matriz y es el primer hombre libre de la Tierra. Y así se propaga la leyenda, el mito del autor de culto, guía intelectual y espiritual.

Lizette Arditti anota otra hipótesis: en un país como México, con 120 mil desaparecidos, te matan —y acaso te desaparecen— por robarte el dinero de la billetera.

Juan José Sánchez Sosa dice lo que perdió la ciencia: "Lo que le haya pasado es una pérdida gigante para la psicología en particular. Iba en el camino correcto, acabaría no sé si con el Premio Nobel, pero sí con un premio importante. Hubiera encontrado los principios regulatorios de lo que vemos y decimos: 'no lo puedo creer'. Y describir cómo ocurrió: cómo es que lo vi y cómo se explica".

¿Qué diría hoy si regresara?, se pregunta Lizette Arditti. Aventura una respuesta: aprovecharía los avances tecnológicos para probar sus teorías y prestaría poca atención a la mitificación de su personaje. Arditti lo compara con el Quijote. "Jacobo podría ser un Quijote. Porque el Quijote era un congruente total: vivía su cuento". Amira Valle le escribe con cariño y nostalgia: "Te mando un beso a la lattice, donde habitas por siempre". Amira Valle, Leah Bella Attie y Manuel Delaflor tienen además un proyecto: darles continuidad a las investigaciones de su maestro y reabrir un laboratorio para volver a ellas. Su hija Estusha Grinberg pide recordarlo no solo como un gran científico, sino, también, como un hombre que dio su vida por la búsqueda de libertad.

Retrato de Jacobo Grinberg-Zylberbaum hecho por su nieta
Leilani Grinberg.
leilanigrinberg.com

INTRODUCCIÓN

El mundo, como lo percibimos, resulta de la activación de nuestras células cerebrales. Esta afirmación es la tesis en que se basa la presente obra.

Más aún, la única diferencia entre el mundo físico y el mundo de nuestros sueños es en términos de si los estímulos que activan estas células lo hacen a través de nuestros órganos sensoriales (estímulos externos) o a través de una activación interna (estímulos internos).

Tanto la realidad que llamamos externa como la que denominamos interna son una construcción que depende de nosotros y, como tal, es modificable.

El mundo y su realidad son una descripción que depende, en sus características, de nuestra estructura genética y nuestra historia personal. No podemos cambiar, por ahora, nuestra estructura genética, pero sí podemos modificar nuestra historia. En ese instante la descripción cambia y el cambio nos hace libres.

Este libro no pretende ser una demostración objetiva e irrefutable de las anteriores consideraciones, es solo un estímulo que en algunos provocará cambios y en otros no.

Que el lector aprenda al leerlo, que no dependerá de las palabras aquí consignadas, sino de él mismo.

Para mí, ha sido una delicia escribirlo y con ello me doy por satisfecho.

Agradezco al Consejo Nacional de Ciencia y Tecnología (Conacyt) y a su director, licenciado Gerardo Bueno Zirión, el apoyo que me brindaron para la realización de esta obra.

El universo tiene tantos centros
como seres vivientes.
ALEXANDER SOLZHENITSYN

Nada pasa cuando pasa el tiempo.
OCTAVIO PAZ

Para entender algo, primero es necesario
dejar que nazca.
MA. DE J. GARCÍA ZUAZUA

Ver la luz es un reto continuo; cuando la vemos no lo creemos, pues pensamos que no es fácil, y así seguimos un camino con los ojos vendados.
LÁZARO BRENER

PRIMERA PARTE

Cuentos

LA CONSTRUCCIÓN

La lámpara hacía brillar el cuerpo inerte.

El quirófano olía a limpio mezclado con éter y acetona, el corte seguía el curso correcto. La femoral había sido ligada y el peligro de hemorragia había pasado. La sierra quirúrgica despedía polvo de hueso y ozono…

La inyección del anestésico había sido lo más terrible. Lanil casi se había resistido, pero el recuerdo del dolor era más fuerte que el terror de perder la pierna.

En el momento en que el líquido ambarino penetraba sus venas supo que ya no era posible volver a tras, atrás, atr…ás, a…t…r…á…s.

La sensación del viento golpeando la cara era deliciosa, la velocidad era tal que casi parecía volar. Ir conduciendo la motocicleta hacía sentir a Lanil que nada era más poderoso que él. El asfalto parecía desaparecer bajo las ruedas y el paisaje se movía hacia atrás con un ritmo vertiginoso y fantástico.

El hombre —pensaba Lanil— siempre debería sentirse así, dueño de sí mismo y de su máquina, jamás un objeto y efecto de la misma.

Las curvas de la carretera eran suaves y ascendían en ligera pendiente. Lanil llevaba todo su equipo para acampar, pensaba llegar a la montaña nevada al anochecer y montar la tienda de campaña en las faldas mismas de la mole helada. Al amanecer empezaría la ascensión, sería la máxima delicia llegar a las alturas sintiendo que todo el planeta estaba sosteniéndolo.

Lanil no vio el tráiler, el impacto fue tan terrible que su cuerpo salió disparado y después de volar 30 metros cayó en una hondonada.

Los médicos no se explicaban el milagro, había una fractura expuesta en la pierna, pero, fuera de eso y de algunas raspaduras, el accidentado estaba bien.

Era una verdadera molestia andar con la pierna enyesada; si bien solo faltaban tres meses para que le quitaran el yeso, la imposibilidad de correr, escalar montañas o viajar en motocicleta era desesperante. Pero todo ello era poco comparado con las continuas cosquillas y el deseo de hacerlas desaparecer. La infección había empezado después de aquella maldita noche en que, vuelto loco por el cosquilleo, Lanil había tomado una larga aguja e introduciéndola entre su piel y el yeso había rascado el lugar de la herida.

El dolor era terrible, parecían mil fuegos que penetraban en la rodilla, y nunca terminaban ni se calmaban. Ningún antibiótico o tratamiento daba resultado, el dolor persistía como si alguien de fuera estuviera azuzándolo e intensificándolo.

No había escapatoria ni refugio, aun el sueño era infierno. Las pocas ocasiones en que Lanil lograba dormirse, sus sueños estaban plagados de diablillos que con grandes cuchillos penetraban en procesión interminable a su rodilla.

Lanil se convirtió en una rodilla, no había otro pensamiento, idea o sensación más que el dolor en la rodilla, en la rodilla, siempre en la rodilla.

Habían pasado seis meses desde aquella noche; el dolor seguía igual, aunque se había transformado de quemante a punzante; eran ondas que subían y bajaban 10 veces por minuto —Lanil las había contado miles de veces—, era dramático oír a aquel ser enfermo siempre gritando en aquella frecuencia. Lanil no entendía por qué los médicos no podían aplacar su dolor. Había ido a consultar a los mejores especialistas y ninguno había podido hacer nada. Lo único que daba cierta ayuda a Lanil era la morfina. Habían tenido mucho cuidado de no volverlo adicto, inyectándole dosis muy pequeñas y solo cuando era absolutamente necesario, pero, como podía esperarse, Lanil cada vez necesitaba con mayor frecuencia de la droga. Desesperado por el dolor, por su adquirida adicción y por la frustración de los tratamientos médicos, Lanil decidió probar otros métodos...

El camino a la sierra empezaba en aquel desértico y polvoriento pueblo; todo era café, desde las calles y las casas hasta la ropa de los habitantes. Lanil se había inyectado morfina dos horas antes y permanecía adormecido en el asiento posterior del jeep. El chofer empezó la ascensión, la brecha estaba en construcción y la tierra que desprendían las palas de los trabajadores y los bulldozers pronto cubrió con una capa oscura el techo y el parabrisas del Rover.

Después de tres horas de viaje, empezó a aparecer la vegetación selvática, el aire se humedeció y la neblina impedía ver el abismo que bordeaba el camino. El jeep empezó a dar tumbos y en uno de tantos Lanil empezó a despertarse. El paisaje era impresionante, los helechos y los árboles formaban un túnel oscuro y húmedo a lo largo del cual viajaban. En momentos, a través de un claro en aquella selva, se podía ver un valle que desde aquella altura parecía estar constituido por formas geométricas perfectas de distintos tonos de verde. Lanil olvidó por un momento su dolor y quedó cautivado por la vista. Recordó sus días de alpinista y sintió una gran nostalgia. El hombre, pensaba, había nacido para ver siempre las cosas desde esa altura. El mundo era maravilloso y quien no lo supiera disfrutar estando sano era un perfecto animal.

Hacía mucho tiempo que Lanil no se había sentido tan bien; recordaba que, al ir a ver a los médicos que le prometían la tan esperada curación, siempre había tenido esperanzas, pero nunca había estado tan seguro como en ese momento. Si bien era cierto que no conocía al brujo de la sierra, había oído de curaciones milagrosas realizadas por ese chamán que algunos consideraban casi un santo.

El jeep cayó en un agujero y fue tal el impacto recibido por la rueda trasera que Lanil se olvidó de todos sus razonamientos y empezó a gritar de dolor.

Desesperado, ordenaba a gritos al chofer que parara; este obedeció a Lanil quien después de una búsqueda frenética encontró la jeringa. Nunca habíase inyectado dos veces en un lapso tan corto, pero era tal su dolor que no le importaron las posibles consecuencias…

El paisaje se empezó a teñir de rojo, los árboles lanzaban sus ramas en todas direcciones y la brecha parecía un río de lava fosforescente que reptaba como un enorme ofidio.

El valle era un tablero de ajedrez gigantesco, todo cubierto por una cúpula violeta, llena de grandes ventanales. Lanil se asomaba por uno y movía unas piezas de ajedrez vidriosas que tenían forma de rodillas.

El juego sería de vida o muerte, cada movimiento de las piezas debía hacerlo con el máximo cuidado y después de profunda reflexión.

La apertura fue magnífica, y su contrincante —aquel helecho gigantesco— se quedó reflexionando durante una eternidad antes de atreverse a mover el peón. Lanil atacó a fondo con los caballos, debía matar al rey o de lo contrario todas las piezas lo matarían a él…

Llegaron al anochecer, Lanil seguía dormido y el chofer —conocedor de la sierra— enfiló el jeep en dirección de la casa del brujo…

La choza era oscura y el humo de la hoguera-estufa penetraba en los pulmones de Lanil. Las llamas pintaban la cara del chamán con tintes anaranjados, y sus grandes trenzas completamente canosas le daban una apariencia fantasmagórica.

Lanil le señaló su rodilla enferma y exageró un gesto de dolor esperando que aquella figura rodeada de humo comprendiera. El brujo se acercó a Lanil y con un movimiento muy suave puso al descubierto la zona dolorida, la observó atentamente durante un largo intervalo y momentos después salió de la choza. Lanil miró al chofer y este le hizo un gesto de asentimiento.

Después de media hora, el brujo apareció cargando una copa de barro y varios otros recipientes. Le señaló a Lanil un petate y este, comprendiendo, se recostó en él.

El brujo tomó una brasa de la hoguera y la acercó a la copa de barro, casi al instante la habitación se llenó de un olor agridulce que recordaba el aroma del incienso. El canto que siguió no tenía melodía, solo un ritmo cambiante que se repetía a intervalos isócronos. De un recipiente, el chamán extrajo un polvo negro que esparció alrededor de la rodilla de Lanil, al mismo tiempo que observaba directamente los ojos de este. Después de esparcir aquella sustancia, tocó la rodilla del enfermo y, con un movimiento seguro pero suave, la empezó a frotar sin dejar de ver a los ojos del doliente. Este, que nunca había soportado el contacto de una mano con su rodilla, se sorprendió al no sentir ningún dolor y casi en forma refleja le sonrió al chamán. El brujo, como única respuesta, le hizo un gesto de desprecio. Lanil quedó traspasado de la punta del pie al vértex, una sensación de frío intenso lo empezó a llenar y su pierna comenzó a temblar. El dolor que siguió a la mirada de desprecio fue indescriptible. Lanil se retorcía sobre el petate y empezó a aullar. El brujo, sin apresurarse, cogió a Lanil por los hombros y le sonrió. Instantáneamente el dolor desapareció.

El chamán señaló la rodilla de Lanil y después indicó el corazón y la cabeza de este, apagó el fuego de la copa de barro y se despidió sin pronunciar una sola palabra.

El viaje de regreso fue aún más terrible y doloroso que el de venida. Lanil sentía que nunca había odiado a alguien tanto como a ese brujo. Todo el sufrimiento del viaje solo para oír unos cantos, oler incienso y luego ser señalado en la rodilla, el corazón y la cabeza. Era una farsa y, si aquel desgraciado chamán pensaba que lo había curado, estaba completamente equivocado, el dolor seguía, igual o más intenso que antes, seguía, seguía, ¡carajo!, seguía…

El consultorio estaba muy bien equipado, Lanil sintió confianza, seguramente era un médico bueno, por lo menos su nombre era muy conocido.

Ya comprendo —decía el doctor— que la decisión es muy difícil, pero después de tantos meses de sufrimiento y del gran número de tratamientos fracasados, me temo que no haya otro remedio.

No lo quiero engañar, seguramente que ya no podrá escalar montañas, pero con los nuevos aparatos de sostén usted aprenderá a caminar casi como antes y además ya no sentirá dolor…

La operación había durado seis horas y, considerando su seriedad, había sido todo un éxito. Lanil permanecería dormido durante una semana y en ese tiempo se disminuiría poco a poco la dosis de morfina. Esto, pensaban los médicos, evitaría al enfermo dolores innecesarios y además le ayudaría a acabar con su adicción a la droga.

Cuando Lanil se despertó, lo primero que hizo fue comprobar si todo había sido un mal sueño, levantó la sábana y se quedó petrificado por el terror. Su pierna derecha había desaparecido…

Todo fue por buen camino durante las siguientes dos semanas, pero una noche Lanil tuvo un sueño que le produjo tal impresión que se despertó completamente empapado en sudor. Había sentido cosquillas en su "rodilla" derecha. Las siguientes noches fueron un tormento, el sueño se repetía y poco a poco las cosquillas se fueron convirtiendo en dolor, primero quemante y luego punzante.

Y sucedió que la noche se convirtió en día. Lanil sentía con horror que su rodilla seguía estando allí, la sensación era tan clara y real como si su pierna no hubiera sido amputada. Ya no solo era en sueños, de nuevo Lanil se convirtió en una rodilla, todos los minutos de todos los días.

Y sucedió que los gritos de Lanil se repetían con una frecuencia de 10 por minuto.

Y sucedió que Lanil comprendió y señalaba su ausente rodilla, su corazón y su cabeza.

INTERNA

Era costumbre levantarse temprano y salir a caminar por las calles empedradas. El aire fresco, cargado de olor a rocío, tierra mojada y paja húmeda. Al terminar la calle empezaba el monte. Desde sus alturas se podían ver los techos de las casitas que formaban el pueblo. Techos rojizos, acanalados, rodeando calles de piedra.

Caréñitus hacía todos los días el recorrido. Al llegar al monte sentábase en una roca y permanecía con la mirada perdida... pensando. El día anterior le había sucedido algo muy extraño; después de pasarse toda la noche calentando la mezcla y añadiendo las sustancias necesarias para la transmutación, se había dado cuenta de que la meta no era transformar la sustancia en oro...

Recordaba la mirada de Pornius, su ayudante. Los ojos abiertos, expectantes, enfocándolo. Caréñitus había notado que Pornius lo veía y que esta visión debía ser muy diferente de la visión que tenía de él mismo cuando su imagen se reflejaba en el espejo.

Era obvio... transformar la mezcla en oro era solo un juego comparado con poder convertirse en su ayudante y, así, verse a sí mismo. Debía ser magnífico tener la visión de Pornius con la experiencia de Caréñitus... aprendería más acerca de sí mismo, mucho más que dedicándose a fabricar oro. Caréñitus se levantó de la roca e inspiró el aire de montaña sintiéndose vivo y como recién despierto de un largo sueño.

El problema no era de fácil solución, no podía calentarse o enfriarse a sí mismo —como la mezcla— para esperar la transformación. Tampoco podía añadirse ácido o evaporarse. El método debía ser diferente. Caréñitus era muy paciente, todo alquimista debía aprender a serlo, de otra forma no se conseguía nada. Por ello no le asustó la perspectiva de tener que esperar mucho tiempo antes de encontrar la solución. Primero se le ocurrió que, para verse a sí mismo con los ojos de Pornius, debería conocer bien a este. Durante dos años el ayudante sufrió el más completo interrogatorio de que se tenga noticia, pero sin ningún resultado. Más adelante, Caréñitus tuvo una idea: se sentaría frente a su espejo metálico y trataría de ver sus propios ojos. Esto seguramente acercaría el momento.

Pornius no podía entender cómo alguien era capaz de pasarse tanto tiempo frente a un espejo. Empezó a dudar de la salud de su maestro y a pensar —como el resto del pueblo— que Caréñitus se estaba volviendo loco.

Después de un año de estar frente al espejo, lo único que Caréñitus obtenía era un descomunal dolor de cabeza, por lo que abandonó ese método. Cierta noche, Caréñitus tuvo un sueño. Vio a Paracelsus llegando a su laboratorio con un gran matraz en las manos. Caréñitus sabía que Paracelsus era el más grande alquimista de todos los tiempos, por ello se atrevió a preguntarle el significado del matraz. Paracelsus lo miró a los ojos y, con un movimiento finísimo, dejó caer el matraz al suelo haciéndolo añicos. Caréñitus se despertó sudoroso; todo acto de Paracelsus tenía un significado profundísimo, haber destruido el matraz —aunque fuera un sueño— era una enseñanza que debía tratar de entender.

Durante 10 días Caréñitus vivió en la montaña meditando en el sueño. Pensaba que al haber destruido el matraz Paracelsus había querido decirle que, aunque la alquimia era solo un camino, debía recorrerlo completo antes de llegar a donde quería; que una vez recorrido, podría destruir la herramienta, pero no antes.

Era muy obvio; interrogando a Pornius o viéndose al espejo no conseguiría nada, debía volver a su trabajo.

El fuego ardía, llevaba siete años encendido y no había ocurrido nada. Caréñitus estaba llegando a un grado tal de desesperación que sentía que iba explotar. Había buscado durante 10 años y no había ocurrido absolutamente nada, no había logrado oro ni tampoco se había autotransformado.

Caréñitus tomó un hacha y empezó a destruir el trabajo de toda su vida. Al terminar, se dirigió a la montaña, decidido a vivir como ermitaño.

La cueva era fresca, la entrada estaba rodeada de enredaderas y una gran roca la obstruía a medias. Caréñitus la había encontrado después de caminar por el monte durante dos días y dos noches. Cortó ramas y hojas de los árboles vecinos y las colocó en el fondo. Esa sería su cama. Buscó un tronco de abedul y con sus propias manos le quitó la corteza, lo trasladó a la cueva y con grandes trabajos la depositó en el centro de esta. Esa sería su mesa y le recordaría que el centro es la esencia (por lo menos eso había aprendido como alquimista).

Las noches eran plácidas, solo se oía el murmullo del arroyo y el canto de los grillos. A las seis de la mañana entraba un rayo de luz anaranjado que parecía moverse a lo largo del piso de la cueva y que en el momento en que rozaba la cara de Caréñitus lo hacía despertar.

No había ni espejo metálico, ni matraces, ni fuegos, ni Pornius. Caréñitus se pasaba la mañana cazando. Cuando el sol indicaba las 12 y la tierra se caldeaba demasiado, volvía a la cueva con sus presas y se preparaba un almuerzo. En las tardes se sentaba junto al arroyo y tiraba piedrecillas observando las ondas que se formaban y chocaban unas contra otras.

En Tenieb se comentaba la ausencia de Caréñitus, algunos decían que en uno de sus experimentos se había evaporado, otros pensaban que en su locura se había tirado a algún abismo. Solo Pornius sabía que su maestro había ido en busca de su imagen.

La tormenta era furiosa. Caréñitus nunca había visto cosa igual. Los truenos hacían vibrar el interior de la cueva y la luz de los relámpagos parecía incendiar todo su cuerpo. Se vio las manos llenas de cicatrices y marcas provocadas por el fuego, los ácidos y el agua regia. La tormenta las pintaba de un violeta eléctrico.

Se tocó la cara; a pesar del frío, sudaba; sus manos empezaron a temblar. Caréñitus sintió que el estómago se le contraía. Había oído a otros decir que el miedo hacía sudar, temblar y contraerse el estómago. Pensó un instante y se dio cuenta de que por primera vez en su vida sentía miedo. Es una sensación desagradable —pensaba—, está dentro de mí como una sanguijuela pegada a mi estómago. No puedo creer que sea causada por la tormenta... es solo un fenómeno natural...

Caréñitus temblaba, se recostó en su cama de hojas e intentó dormir, pero no pudo. Era demasiado intenso, mucha luz, mucho ruido, mucho frío. Recordó a Paracelsus y le pareció ver la caída del matraz y su destrucción en el momento de tocar el suelo; sintió el miedo y empezó a gritar de alegría.

Cualquiera que hubiera visto a esa figura humana salir de la cueva en plena tormenta y comenzar a bailar y a agradecer a los truenos hubiera pensado que se trataba de un fantasma, un loco o una fiera salvaje con forma humana.

Caréñitus agradecía a la lluvia, nunca había sentido tal alegría. Su deseo de verse a través de los ojos de Pornius había desaparecido, solo quedaba la sensación de haber vivido el miedo y de haber comprendido.

JANIOS Y OR

Or era un jefe muy maduro y jamás había permitido que el pánico cundiera entre su gente, y no iba a empezar a hacerlo ahora. Era cierto que aquel resplandor, el ruido terrible y el calor, habían logrado alterar su característico estado de serenidad y la tranquilidad que por más de 20 años había logrado mantener en sus dominios. Pero todo eso había pasado ya, y ahora lo único importante era reconstruir las chozas destruidas y apagar los incendios.

La asamblea de ancianos, reunida en la cueva ceremonial, le pedía explicaciones: ¿qué había causado la aparición de la luz, el maremoto, el calor? ¿Por qué el mar había cambiado de color? ¿Por qué si Or había dicho que todo había concluido, seguían apareciendo los peces muertos y caía aquella ceniza del cielo?

Or no lo sabía, así se los hizo saber a los ancianos, pero también les hizo ver su decepción al notar que no habían aprendido que el mundo era mucho más misterioso y maravilloso que cualquier estructura que pretendiera explicarlo. Los ancianos comprendieron y dentro de cada uno de ellos surgió la certeza de que Or seguía siendo el maestro y dirigente, puesto que los hacía aprender.

A la mañana siguiente, la noticia era comentada por todo el pueblo: habían encontrado dos cuerpos humanos cerca del arrecife. Uno de ellos tenía graves quemaduras en todo el cuerpo y parecía haber muerto. El otro todavía respiraba, aunque muy débilmente. Or dio órdenes de llevar al sobreviviente a la choza mayor del poblado, en donde recibiría los cuidados adecuados…

El mayor orgullo de Or eran sus reuniones con los niños. En la madrugada de todos los días venían todos los niños del poblado a la casa de Or y durante cuatro horas discutían acerca de sus sueños, hacían ejercicios de imaginación y platicaban de lo que habían aprendido el día anterior. Or les contó que había soñado con su difunto padre, el cual, en su sueño, le había señalado el fruto de un árbol y, tomándolo con la mano, lo había examinado detenidamente mientras lo comía.

Esto —les decía Or— significa que el conocimiento real se basa en dos procesos. Uno de ellos es el saber y el otro el sentir. Les reveló que en el sueño su padre así se lo había indicado al tomar el fruto, observarlo y comérselo. Alguien que sabe —decía— es capaz de conocer lo que le rodea al observar las relaciones de lo observable, sin que al mismo tiempo deje de sentirlas. Los niños asentían encantados. Uno de ellos mencionó que el día anterior había experimentado algo semejante al sueño de Or. Cuando estaba haciendo el amor con su amiguita había entendido que alguien que sabe las cosas sin ser capaz de sentirlas realmente no las sabe. De la misma forma, alguien que siente las cosas pero no las entiende no las conoce. Es por ello que la verdadera sabiduría solo existe cuando se entiende y se siente.

Una niña contaba que el día anterior había comprendido que sentir no tenía límites, que estos aparecían cuando se caía en un esquema rutinario y cuando se era espectador de sí mismo. Había visto una flor… era bellísima, y al observarla había sentido que la amaba. Esta sensación había llegado a ser tan intensa que le empezó a dar miedo. En ese momento dejó de amarla, lo cual demostraba que la sensación de amar existió hasta el momento en que empezó a pensar en la intensidad de su sentimiento. Por tanto, hubiera seguido si el miedo no hubiera aparecido. Or pensó que era maravilloso aprender de los niños, lo que decían era lo más profundo y real.

Para Or, el día era altamente estimulante. Después de la reunión con los niños, analizaba con los ancianos cuestiones filosóficas; el día de hoy hablarían acerca de la certeza y su relación con el conocimiento. Al acabar la discusión, Or tenía planeado ir a visitar al sobreviviente… ¿Qué es lo que había sucedido?, en verdad los ancianos tenían razón al sentirse preocupados; nunca había pasado algo semejante. Or pensaba que, aunque fuera lo peor, no debía afectarlo; si bien no podía evitar sentir curiosidad y preocupación… probablemente el sobreviviente sabría…

Cómo dolía el cuerpo… todo movimiento representaba un esfuerzo gigantesco, probablemente tenía algunas fracturas y seguramente quemaduras de primero y segundo grado. Janios trató de abrir los ojos, la luz era quemante y además… ese olor extraño, mezcla de sudor, humo, paja mojada y orines. Empezó a recordar… la vista desde el globo astronómico era espectacular, el mar mostraba un color intensísimo, la atmósfera era límpida y no se veía nube alguna. Su compañero estaba ocupado con el barómetro cuando les llegó la transmisión radiofónica. Solo alcanzaron a oír el jadeo y la desesperación del operador, y ahora esos dolores y el olor desagradable.

Or observaba a Janios, adivinó los sufrimientos y sintió su esfuerzo desesperado por abrir los ojos. Su cuerpo era musculoso, las arrugas en la cara indicaban una persona de carácter fuerte y con capacidad de decisión. Or no podía asegurarlo, pero sintió que aprendería muchas cosas del herido. Janios se asombró de la estatura de Or, era un verdadero gigante. La mirada de aquel Goliat era extraña, había un brillo casi fosforescente en sus ojos, y su expresión era casi filosófica; aunque por su vestimenta se adivinaba que era un hombre primitivo, quizás algún miembro de una tribu que no se había puesto en contacto con la civilización.

Or le preguntó cómo se llamaba; la contestación de Janios fue una mezcla de sonidos guturales y tonos agudos. Tendrían que enseñarle su idioma, de otra forma no iban a poder comunicarse. Or pidió a dos de sus niños que le enseñaran a hablar a aquel hombre.

La reunión con los ancianos se realizó seis meses después. Janios se encontraba perfectamente recuperado y su conocimiento del idioma nativo era ya suficiente para poder comunicarse fácilmente con ellos.

La reunión había sido idea del propio Janios. Los últimos dos meses se le había visto desesperado y molesto, todo lo que veía parecía ponerlo en un estado de ánimo muy parecido al mal humor. Las pocas ocasiones en que hablaba, mencionaba su desacuerdo con lo que lo rodeaba y explicaba que se estaban cometiendo muchos errores en la forma de educar a los hijos, en la manera de comunicarse y aun en lo de hacer el amor, así, a la vista de todos. Cuando

Janios hablaba, todos lo escuchaban y le sonreían, pero nadie parecía tomarlo muy en serio…

Los ancianos se dispusieron a oír a Janios. Or les había pedido que fueran considerados y que no olvidaran que Janios tenía una historia y experiencias internas muy diferentes de las que ellos compartían.

Janios empezó agradeciendo todas las atenciones y amabilidades que le habían dispensado. Or notó el desconcierto entre su gente, era absurdo que alguien agradeciera; era verdad que Janios venía de un lugar muy alejado, pero era exagerado su primitivismo.

Janios empezó a explicar que en su lugar de origen se le consideraba toda una autoridad por su conocimiento y manejo de la ciencia.

Era inconcebible, el mismo Or empezó a inquietarse, sus niños entendían desde los cuatro años que vanagloriarse por tener conocimientos solo significaba que estos no existen sino como datos, y he aquí una persona aparentemente adulta que no había pasado de los cuatro años.

Un anciano empezó a hablar. Janios le pidió que lo dejaran terminar. Esta observación provocó tal risa entre los miembros del consejo que Or se vio obligado a intervenir. Hizo una señal que significaba "tened paciencia" y los ancianos —sonrientes— comprendieron.

Janios no entendía lo que estaba sucediendo, nunca se hubiera imaginado que una petición tan normal fuera capaz de provocar tal escándalo. Realmente la tribu era muy primitiva. Tomó aliento, se alisó el pelo y siguió hablando… "Las academias de ciencia de siete países me nombraron miembro honorario en reconocimiento a mi labor. Todo esto se los digo para que comprendan y no malinterpreten lo que deseo comunicarles".

Or se sentía mareado, pedirle al consejo de ancianos comprensión solo significaba que se le ponía en duda *a priori*, era la máxima inseguridad y desconfianza. Mencionar la posibilidad de malinterpretación solo significaba que se encontraban frente a un ser que no había aprendido nada en su vida y que había nacido y crecido en una sociedad en plena decadencia.

Los ancianos se miraron entre sí, todos sentían una gran lástima. Janios estaba seguro de que la reacción que veía era señal de que lo habían empezado a respetar; se sintió más tranquilo y continuó: "He notado una serie de errores en la forma como están organizados y sobre todo en cómo educan a los niños. Créanme que el único motivo que me lleva a comunicarles todas estas observaciones es el deseo de ayudarlos".

Or, con un tono irónico que asombró profundamente a los ancianos, le pidió a Janios que fuera un poco más concreto.

—Precisamente pensando en ello —le contestó Janios— me voy a permitir mencionar algunos ejemplos que espero no les incomoden.

Or empezó a entender. Que Janios pensara que se podían incomodar solo significaba que le habían enseñado a no respetarse a sí mismo. Indicaba una mentalidad dicotómica que podía llegar al extremo de avergonzarse de sus propias acciones. Era obvio, solamente una persona que ha sentido vergüenza de lo que hace puede llegar a pensar que otros también la pueden sentir.

Or dejó de oír a Janios, pensaba cómo hacer la transformación, debían enseñarle a no invalidarse, y eso solo se lograría poniéndolo en contacto con su esencia...

—El primer ejemplo se refiere a una escena que observé hace tres meses…

El plan era simple pero difícil de llevar a cabo: dejaría que Janios le enseñara su ciencia y poco a poco lo llevaría a comprender…

—Deben ustedes cambiar, lo que está sucediendo en su cultura solo los llevará al caos, bastará con que surja de entre ustedes algún dictador para que los convierta en esclavos…

Crearía un seminario, invitaría a Janios a enseñar, y los alumnos serían él y los niños…

—Una sociedad sin leyes y reglamentos deja de ser sociedad por definición, las leyes evitan el desorden e impiden que los unos se aprovechen de los otros…

Tendría que hablar con los niños, les explicaría y ellos entenderían…

—La civilización de donde provengo tiene mucho que enseñarles, si al menos permitieran, les mostraría cómo lograr conocimientos absolutamente objetivos…

A pesar de todo lo que está diciendo, debe ser capaz de lograrlo, será muy difícil y tedioso, pero con ayuda de los niños se podrá hacer…

Janios había terminado. Miró al consejo como esperando una respuesta. Los ancianos veían a Or con una expresión de asombro y como preguntándole si no sería mejor pedirle a Janios que regresara a su "maravillosa" civilización.

Or se levantó, se acercó a Janios y, colocando sus brazos en los hombros de este, volteó a ver a los ancianos.

La mirada era chispeante y la expresión sonriente. Los ancianos comprendieron que Or había tenido una cognición.

Or miró a los ojos de Janios y le dijo en el tono de voz más serio de que era capaz:

—Mañana empezarás a enseñarnos.

El consejo estaba regocijado, Janios se había ido a descansar y Or les explicaba lo que trataría de hacer. Un anciano empezó a hablar:

—Hoy he comprendido que las luces, el maremoto y los peces muertos fueron obra de gente parecida a Janios. Comprendemos y aprobamos tu idea, Or, solo te pedimos que tengas cuidado; de fallar tu intento todos seremos responsables y así lo entenderemos.

Or miró al anciano, pensó que el final de la vida se conectaba siempre con su comienzo. Le dijo:

—Han, me sorprendes, un niño de dos años se hubiera dado cuenta y hubiera entendido mejor que tú, no dejes que algo tan simple te impresione, recuerda lo que has aprendido y jamás dudarás.

Los niños esperaban en la choza. Hoy recibirían su primera lección acerca de la ciencia. Mientras esperaban a Janios, meditaban sobre el significado de aquella rara palabra. Or les había dicho que se pondrían en contacto con un mundo muy diferente del que siempre habían conocido, y que tenía una confianza absoluta en que podrían comprenderlo y manejarlo. Janios se presentó exactamente a las ocho de la mañana.

—Hoy hablaremos acerca de la necesidad e importancia del conocimiento científico. La ciencia se inició en el instante en que el hombre se planteó una interrogante y pudo resolverla en forma objetiva… ¿Tú quieres decir —preguntó Cir— que la ciencia consiste en plantear preguntas y contestarlas? ¿Qué quieres decir con "en forma objetiva"? —interrogó Ciar.

—Lo que les quiera mostrar —contestó Janios— es que plantear preguntas y contestarlas es solo un medio para lograr entender y explicar los fenómenos naturales. "En forma objetiva" quiere decir que el conocimiento científico es igual para todo el mundo.

Los niños empezaron a inquietarse; aunque recordaban las palabras de Or sentían que Janios era muy extraño. Olef se levantó de su asiento y, mirando a Janios, le dijo:

—Cuando alguien plantea preguntas y busca explicaciones significa que de antemano las tiene; si esto lo hace en relación a la naturaleza, comete el error de pensar que ella se ajustará a sus estructuras y olvidará que estas son siempre más estrechas y simples que el conocimiento que desea adquirir. Si además piensa que ese conocimiento debe ser igual para todos, no tiene en cuenta que cada uno de los que forman a "todos" se encuentra en diferente etapa del camino. Desear enseñar el camino pensando que lo podrá transmitir es caer en un error. Hace que quien quiere enseñar piense en la enseñanza y deje de vivir. La única enseñanza posible es aquella que surge de alguien que es y que por tanto no se interesa en enseñar.

Janios adoptó la postura más pacífica que pudo y, en un tono de voz amable, les dijo:

—Quien busca explicaciones no necesariamente las tiene de antemano, simplemente se ha planteado una pregunta y no confía en su subjetivismo para contestarla, por lo que prefiere interrogar directamente a la naturaleza. El conocimiento que así adquiere puede no ser entendido por algunos, pero eso no significa que no exista por sí mismo independientemente de quien lo entienda...

Olef insistía:

—Es cierto que las cosas enseñan, pero el conocimiento no está en ellas, sino en nosotros. Desconfiar de lo que tú llamas subjetivismo equivale a pensar que el conocimiento es externo y está alejado de nosotros mismos. El único conocimiento válido es aquel que se basa y se sostiene en nuestro interior, siempre y cuando este sea libre para conocer, quien busca explicaciones sabe que existen y además cree conocer al camino para encontrarlas. Tanto la idea de que existen como la utilización de un camino preestablecido hace que lo que se encuentre se adapte al camino, lo cual impide obtener conocimientos nuevos, puesto que siempre son distintos de la idea que se tiene de ellos. Pretender conocer nuevas cosas con base en lo ya conocido impide lograr tal conocimiento. El conocimiento no existe fuera ni aparte de quien conoce. Por tanto, si alguien no entiende un conocimiento, este no existe para él. Puesto que él es quien le da el valor y la realidad al conocimiento, el hecho de que no sea parte suya necesariamente implica que no existe.

Janios se rascó la cabeza antes de contestar. Esto no gustó a los niños; sabían que el único conocimiento que alguien puede comunicar es el que resulta de una certeza. Jamás Or les había comunicado algo en lo que dudara, prefería no hacerlo. Pero he aquí alguien que dudaba —por ello el ademán de rascarse— y que a pesar de ello estaba interesado en hablar.

Janios sintió la actitud de desconfianza de los niños. Por primera vez, desde que llegó a la isla, empezó a pensar que quizás esta gente no fuera tan primitiva como se había imaginado. No entendía bien el porqué de esta sensación, pero tampoco dudaba de su realidad.

Decidió dar por terminada la reunión por ese día.

Janios no podía dormir, sentía un terrible vacío y no entendía por qué. Debía analizarlo y averiguar su procedencia; de otra forma se agravaría y el límite —lo sabía— sería la desesperación. De pronto, lo entendió… la sensación de vacío había surgido en el momento en que habían puesto en duda lo único que poseía. Debía mostrarles el valor de la lógica científica, posiblemente la entenderían si lograba encontrar el ejemplo adecuado…

—Supongan —les dijo Janios a los niños al día siguiente— que quieren saber cómo crece una flor. Lo primero que se debería hacer es conocer las partes que la constituyen. Para conocerlas sería necesario utilizar un método. Podríamos disecar una flor y así separar sus componentes. Después tendríamos que tomar varios grupos de flores y a cada uno cortarle alguna de sus partes con el objeto de averiguar cuál es la que produce el crecimiento. Podríamos cambiar las condiciones del suelo, la temperatura o la humedad y ver cómo crecen las flores en las distintas condiciones. Cuando supiéramos qué partes de las flores son esenciales para su crecimiento y averiguáramos las condiciones ambientales donde este es óptimo, podríamos conocer el crecimiento de una flor.

Ciar preguntó:

—¿En qué momento, según la ciencia, deberíamos tener la vivencia de la flor?

Janios contestó que no entendía la pregunta.

—Es muy fácil —dijo Olef—. Si quisiéramos entender el crecimiento de una flor, primero deberíamos vivir y amar a la flor.

—Ya entiendo —dijo Janios—. Lo maravilloso del método científico es que no es necesario tener ese tipo de vivencias para poder entender a la naturaleza y, así, contestar las preguntas que le planteamos.

Casi al unísono, los niños lanzaron una exclamación de perplejidad.

—Pero, si no se ha vivido una flor, ¿cómo se puede pensar que se le va a entender? Además, ¿qué sentido tiene tal conocimiento?

Janios empezó a perder la paciencia.

—¿Cuál es —preguntó— el sentido de vivir una flor?

Luaf, el más pequeño de los niños, comenzó a hablar:

—Antes de que yo naciera no me habrías podido entender, fue necesario que yo existiera para que hubiera algo que entender en mí. La flor de que hablas solo la puedes conocer si antes la dejas nacer en ti. Primero tienes que vivir la belleza de la flor y después plantear preguntas acerca de ella. Si la flor no existe en ti, no puedes entenderla por la sencilla razón de que el entenderla también ocurre en ti mismo.

A Janios le empezó a doler la cabeza, sentía que en alguna parte había un malentendido, pero no podía aclarar sus características y procedencia. Casi en tono de suplicarles dijo a los niños:

—Por favor, déjenme continuar y más adelante entenderán lo que les quiero decir. El sentido que le da la ciencia al conocimiento de la naturaleza es independiente de las sensaciones y emociones estéticas que se viven al percibir el objeto de conocimiento. No se deben confundir ambas cosas, pues eso solo trae como resultado una pérdida de objetividad.

—No te entendemos —dijo Olef—, para nosotros, el conocimiento es una vivencia, y ese es su sentido; en cambio para ti la vivencia no existe.

—Yo no estoy negando la vivencia —dijo Janios—, solo estoy diciendo que la sensación estética que ocurre en mi interior al ver una flor es independiente del conocimiento que puedo adquirir de esta. El sentido de ese conocimiento es satisfacer mi curiosidad y darme medios para hacer flores más grandes o más chicas, con colores o sin ellos, con olores o con sabores, en fin, permitirme predecir y controlar a las flores o a cualquier otro objeto a mi alrededor. La capacidad de predicción y control me faculta para satisfacer las necesidades de aquellos que usan o gustan de los objetos que yo conozco, ya sean flores o telas.

Olef volvió a hablar:

—¿Qué sentido tiene hacer flores más grandes o más chicas con más o menos colores si con una de las ya existentes se puede tener la vivencia más profunda? ¿Cuál es el objeto de darle más olor a una flor si al mismo tiempo se niega la importancia de vivir el olor? En fin: ¿cuál es el sentido de conocer sin vivir?

—Pero yo te pregunto a ti —casi gritó Janios—: ¿cuál es el sentido de vivir sin conocer?

Olef entendió lo que le sucedía a Janios; con la máxima delicadeza le dijo:

—Lo que te sucede es que nunca has vivido; si lo hubieras hecho sabrías que conocer solo es posible cuando previamente se ha vivido.

Janios no contestó, miraba al vacío; con voz gutural y muy quedamente le dijo a Olef:

—Dile a Or que me enseñe a vivir…

Janios miró el techo de la choza, los travesaños que sostenían el tejado parecían haber sido colocados por alguien para quien el orden de las cosas no tenía importancia. Cómo puede ocurrirme esto a mí —pensaba—, todo era tan claro y seguro, y he aquí que bastan dos sesiones con unos ¡niños! —Janios movió las manos como pintando unas comillas semánticas en el aire— para que todo se venga al suelo.

Lo más terrible es que nadie parece estar interesado en enseñarme, llevo muchos días esperando a Or y no viene. Yo hubiera reaccionado en forma diferente. De hecho, yo les quería enseñar, deseaba que fueran más felices. Pero ellos no piensan en eso, solo se interesan en ellos mismos.

Janios llevaba 15 días sin salir de la choza, la comida se la llevaban los niños o las mujeres; siempre llegaban a la puerta cantando o riéndose. Esperaban que Janios se diera cuenta, pero este parecía ser un tanto obtuso de entendimiento. En el consejo de ancianos se discutía el caso, algunos empezaron a dudar que Janios comprendiera. Or, en cambio, tenía la certeza de que más tarde o más temprano Janios empezaría a aprender de sí mismo. Decía que alguien que tan rápidamente había percibido a los niños como poseedores de algo diferente tendría que llegar a verlo en sí mismo.

Janios estaba desesperado, sentía que todo a su alrededor era hostil, y que él tenía la culpa de ello. Cerró los ojos como tratando de apartar el pensamiento de huir. Sabía que, si lo hacía, moriría. Pero era imposible dejar de pensar en salir corriendo, cortar unas ramas, construirse una balsa y lanzarse al mar en ella.

De pronto, vio un lago, una luna llena anaranjada se reflejaba en su superficie. La brisa nocturna acariciaba su humedad y en sus orillas los pequeños arbustos y las pajillas color de leche se movían plácidamente como gozando de la frescura del viento y el olor del agua. Las montañas que rodeaban la superficie plateada parecían resguardarla de cualquier accidente. El agua, el viento, la luna y las montañas eran una sola construcción, todas eran parte de Janios y por primera vez en su vida él las percibió así.

De pronto, un aletear… una garza blanquísima volaba por encima del agua transparente, el movimiento de sus alas era una sinfonía. Janios empezó a cantar una melodía. Se dio cuenta de que esta representaba el vuelo y era bellísima, y también salía de él mismo. La garza se acercó a la superficie del lago, un ala rozó el agua y creó una serie de ondulaciones fantásticas que chocaban unas contra otras. Janios inventó la melodía de la garza en contacto con el agua; también era bellísima y representaba su visión como si fuera ella misma.

La garza flotaba en el agua, su cuerpo se movía con el oleaje, daba vueltas o subía y bajaba con un movimiento suave. La melodía cambió y se volvió plácida y alegre. El ave deseaba sumergirse en el líquido, tomó aliento y desapareció bajo el agua. La música se convirtió en la frescura del contacto. Janios podía cambiar la imagen y la música a voluntad, todo salía con una perfección inigualable, todo coincidía y todo provenía de su interior.

Janios abrió los ojos, entendió al poeta, al pintor y al músico. Supo que había vivido, que Olef tenía razón, era el vivir lo que hacía aprender. Comprendió que solo era cuestión de dejar que su interior se manifestara libremente, sin pensar, sin analizar. Esta —se dijo— es la única forma de conocer algo: es necesario dejar que nazca primero para después entenderlo. Si no nace y no es, no hay forma de entenderlo, pues no hay modo posible de comprender aquello que no existe. Solo lo que existe se puede entender.

Or abrió la puerta, se acercó a Janios y lo miró directamente a los ojos. Janios sostuvo la mirada y con una sonrisa le dijo a Or:

—...gracias por no haber venido.

ACOPILCO-SUCEVITA

La reunión estaba planeada para la noche, a cualquier hora. El edificio era viejo; la escalera, oscura con un barandal de metal. El departamento estaba en el segundo nivel, olía a incienso y pachulí.

El piso era de madera, libros colocados en el suelo formando corredores alrededor de un centro. Dos colchones delgados, uno junto al otro, y cerca de ellos una mecedora y un sillón.

Las pinturas de Joanne en todas las paredes. Una mano rígida cubriendo un rostro angustiado, un hombre recién ahorcado con la cuerda flácida alrededor del cuello. Un cuerpo envuelto en vendajes y alumbrado por el rojo reflejo de dos velas. Tres mujeres llorando al cuerpo. Una cara azul sobre un fondo azul, con una máscara azul de su propia muerte saliendo de su rostro.

Un hombre de mirada profunda, barbado, con el cabello todo erizado. Una muchacha de ojos gigantescos observando a su alrededor con expresión asustada.

—Me gustan tus cuadros Joanne, aunque me parecen tristes; el reflejo rojo sobre el cuerpo vendado es extraordinario.

—Pero están muy mal pintados —contestó ella—, me falta aprender muchas técnicas.

—Yo pienso que la técnica es lo de menos; creas una atmósfera y transmites lo que quieres.

—Sí, pero para eso necesitas dominarla, si no, no resulta. Puedes ver algo ante tus ojos y pasarlo a la pintura, pero si no manejas los colores y el pincel, lo que pintas no es tu verdadera onda.

Finya llegó a medio dormir.

—¡Carajo!, me acosté a las cuatro de la tarde y casi no me pude despertar —dijo.

Les pregunté cómo estaban.

—¡Muy bien! —contestaron—, nos gusta cómo vivimos y no tenemos la onda de la competencia.

La música estaba a medio volumen. Cat Stevens era magnífico y los tres nos dispusimos a escucharlo…

El monasterio de Sucevita se acababa de sumergir en el atardecer. Las murallas que rodeaban al claustro y la iglesia adquirían a esa hora una coloración entre violácea y anaranjada. El valle se llenaba de cantos de grillos y el viento movía las hojas de los árboles que formaban el bosque de pinos que rodeaba las celdas de los monjes.

Bach era interpretado en el viejo órgano de la iglesia. Todos los monjes habían terminado de cenar y se dispusieron a oír la música…

—Lo malo —decía Finya— es que cuando uno empieza a depender de una autoridad se pierde la propia capacidad de decisión y empieza uno a actuar con moldes y estructuras.

—Pero eso es muy fácil de evitar —dijo Joanne—: es solo cuestión de estar en buena onda y así ninguna onda de los otros puede afectarte.

—Sí, pero eso es solamente si te das cuenta de tu dependencia —dije yo—. El problema es que muchas veces no se le reconoce en uno mismo, aunque sí en los otros.

Finya se empezó a entusiasmar.

—Es muy curioso —decía— cómo uno puede estar en la misma mala onda que el otro, y puede ver la del otro, pero no la de uno mismo.

—Parecía —dije— que el hombre tiene un mecanismo de bloqueo que lo defiende de verse a sí mismo pero le permite ver a los otros.

—Eso es verdad —dijo Joanne—, pero la cosa cambia cuando uno se empieza a dar cuenta...

Enrich había invitado a Sullio y a Andrei a su celda. Los tres se sentaron alrededor de la mesa de madera y empezaron a saborear el té que Enrich les había preparado.

—Hoy he pensado mucho en el mundo que nos rodea —dijo Andrei—, creo que la juventud no sabe lo que quiere, quizás los únicos que podamos sobrevivir a la degeneración que caracteriza a la época moderna seamos nosotros.

—No lo creas así —dijo Enrich—, yo creo que todos buscamos y esa es una buena señal.

—Sí —contestó Sullio—, pero la búsqueda debe ser siempre un enfrentamiento y nunca una huida, y, con la juventud actual, solo interesada en drogarse, pasarse la vida soñando o logrando conquistas y todo lo que eso lleva, aparejado, lo único que se va a lograr es el caos. Lo que no entiendo es cómo no se dan cuenta; parecería que son capaces de ver lo que les rodea y desecharlo, pero no se ven a sí mismos.

—Debes recordar —le dijo Enrich— que el hombre posee un mecanismo que bloquea su propio conocimiento pero que le permite detectar problemas en la gente que lo rodea...

—La autoridad —les dije— es lo que muchas veces nos arruina, empezamos a depender de lo que nos dicen y desconfiamos de nuestra capacidad de encontrar respuestas.

—Es cierto —confirmó Finya—, yo recuerdo que cuando iba en preparatoria nunca deje de asistir a una clase, muchas veces tenía ganas de ir al campo a sentir el aire fresco y a meditar sobre mí misma, pero era más importante oír al maestro hablando de literatura o aun de la costumbre de la meditación entre los pueblos orientales que hacerlo conmigo misma. Ahora que lo recuerdo, no puedo pensar más que en que era yo muy primitiva.

—Me alegra que te des cuenta de ello —le dijo Joanne—. En esos tiempos yo te lo decía, pero no lo entendías. Yo creo —continuó Joanne— que aun en la actualidad tenemos tendencias a depender de la autoridad; por ejemplo, yo sé que lo importante cuando pinto es mi inspiración, pero todavía tengo la idea de ir a preguntarle a mi maestro de pintura acerca de la forma de hacer las cosas.

—Imagínense —les dije—, si nosotros, viviendo en la forma como lo hacemos, todavía tenemos problemas de autoridad, qué será de la gente que pertenece a las instituciones religiosas o a las militares…

—El té estuvo delicioso, Enrich —le dijo Andrei—, es quizás por la sensación de calor que experimenté al tomarlo que me acordé de que mañana tendremos la reunión con el honorable director general de la orden.

—Es cierto —dijo Enrich—. Su Señoría siempre crea en todos nosotros una sensación de calor humano, nos ha enseñado prácticamente todo lo que sabemos. En una persona así sí se puede confiar, sus palabras son la esencia y la sabiduría.

—Muchas veces me he preguntado —dijo Sullio— hasta dónde Su Señoría representa una autoridad que por su mismo carácter inhibe la capacidad creativa. Creo que en su caso no se da este proceso que es tan común observar en el mundo externo; aparece un líder y todo un pueblo lo empieza a seguir ciegamente, perdiendo por ello su autosuficiencia; o surge un artista o una figura juvenil y la gente empieza a depender de sus enseñanzas y a caer en dependencia. Pero eso no sucede con Su Señoría, es muy cuidadoso de no provocar o crear dependencias entre los miembros de la orden.

—El fenómeno de autoridad —dijo Enrich— es muy interesante. El hombre tiende a buscar autoridades que le den seguridad. Cuando encuentra a alguien que representa los ideales teóricos, cae bajo su égida, y lo peor del caso es que raras veces se da cuenta de la caída y de la dependencia que se crea cuando esta ocurre…

—¿Por qué el tema de la muerte en tus cuadros, Joanne? —pregunté.

—Es que —explicó— es el momento en que te das cuenta del camino que recorriste porque llegas a su final; antes, no sabes lo que va a pasarte.

—Tenemos la impresión de que hay caminos que recorremos —dije—; pero ¿en realidad existen?

—Yo creo —contestó Finya— que más que caminos son circuitos; cada vez se hacen más y más cortos hasta que de pronto desaparecen, y es cuando estás en la buena onda.

—Todo consiste en ir aprendiendo de la vida, de lo que haces —dije yo—; es necesario dejar salir lo que tienes para darte cuenta de que existe y además es preciso conocer otras realidades, pues así uno se da cuenta de la propia. Eso es lo bello de la mota, yo he aprendido muchísimo de ella.

—Yo creo —dijo Joanne— que no te enseña ni aprendes nada al usarla.

—Todo depende de cómo la uses —repliqué—. Si piensas que con ella vas a escuchar bella música y eso es todo lo que haces, no aprendes; pero si apagas todo y empiezas a verte... sí aprendes. Además, es cuestión de estar con la persona indicada. Yo he aprendido mucho; el otro día me di cuenta, al sentirlo, de que el tiempo no existe. Veía algo y era nuevo, luego veía otra cosa y también era nueva, todo era nuevo, solo existía en el momento de verlo, pues se creaba en ese instante. Eso me enseñó que el tiempo no existe. La última vez, me di cuenta de que lo que veía y oía eran por sí mismos, es decir, que las imágenes tenían una existencia y que yo era quien las construía.

—Tienes razón —admitió Finya—, nosotras también hemos aprendido tanto que no se puede decir en palabras o gestos.

—Es que lo que aprendes —añadió Joanne— es muy difícil de transmitir, su realidad y sutileza son tuyas y una palabra o frase no las contiene...

—Es obvio que el estado de éxtasis místico —decía Enrich— no es transmisible; ojalá lo fuese, pues así nadie se pelearía ni tendría envidias.

—Es verdad —confirmó Sullio—, lo que se siente en esos momentos ni siquiera puede ser traducido en palabras.

—Pero, si es así —dijo Andrei—, ¿cómo saber que existe en el otro?, y, además, ¿cómo es que tiene un nombre y denominación si no puede trasmitirse?

—El hecho de que le llamemos "éxtasis místico" —contestó Enrich— es solo por una simbolización que nos permite comunicarnos. Desde luego que sería absurdo ponerle un nombre a algo que nadie ha sentido igual. El hecho de que tenga nombre no indica que se pueda transmitir, solo quiere decir que ha coincidido en varios y se le ha puesto un nombre para significar la coincidencia...

—Pero, entonces, ¿cómo nos podemos comunicar? —dije yo—, si no es posible transmitir lo que uno aprende.

—Es muy sencillo —contestó Joanne—, no nos podemos comunicar en el sentido de transmitir experiencias, lo único que podemos esperar son coincidencias de vivencias.

—Es muy interesante —dijo Finya— cómo con la mota se vuelve uno sensible y las ideas comienzan a coincidir de tal forma que te puedes comunicar.

—Lo que pasa en esos momentos —señalé— es que uno se libera de verse a sí mismo, se desinhibe y sale lo que hay en sí mismo, sin bloqueos, sin consideraciones, sin acuerdos, es eso lo que permite comunicarse...

—Por supuesto que existen métodos —afirmó Enrich—; si no fuera así, el monasterio no tendría ninguna razón de ser. Recuerden lo que sucede cuando oramos en el claustro o en nuestras celdas: nos olvidamos de impedimentos y de consideraciones, simplemente rezamos; solo rezamos y eso nos hace ser libres. Aumenta nuestra sensibilidad y nos unimos al universo. Recuerden las enseñanzas de Su Señoría, nos hace sentir en comunión con el hombre y con Dios, y eso acelera y permite tener experiencias como las asociadas con el llamado éxtasis místico.

—Claro —dijo Sillio—, no es que se transmitan, sino solo que aceleramos, en todos nosotros, su ocurrencia, y eso hace que empiecen a coincidir...

—Si respiras muy hondo y muy seguido, y después metes el humo a tus pulmones, obtienes el mejor efecto —dijo Joanne.

—Es cierto —admitió Finya—, pero eso produce los mareos más descomunales del mundo.

El cigarrillo estaba a punto de terminarse, le di una última chupada y lo dejé en el cenicero, apagándolo. Habíamos quedado de acuerdo en no poner música y dejar encendida la luz violeta.

—No mires tan directamente al foco —me recomendó Finya—, puedes dañarte la vista.

Joanne es hermosa —pensé—, tiene un misterio intangible. Sus cuadros, sus anillos y sus collares representan la muerte, pero esta adoración es el simple pero profundo deseo de conocer el camino; es la idea de que todo es distinto de un momento al siguiente, y que solo al final se puede saber la razón y por qué pasó todo lo que pasó.

Sin darme cuenta empecé a hablar en voz alta:

—Querer saber lo que ocurrirá solo impide que eso ocurra, creer que a la mitad del camino se puede saber el porqué del mismo es falto, solamente al final es posible verlo todo, por la sencilla razón de que entonces nada nuevo ocurrirá.

—Es lo que te dije antes —dijo Finya—, nos movemos simultáneamente en muchos círculos. Unos ya están resueltos y han desaparecido, pero otros están en proceso, no hay que confundir lo resuelto con lo que queda por resolver…

El director general de la orden subió al púlpito y comenzó a hablar: “Queridos hermanos, hoy platicaremos acerca de que debemos ser puros para poder conocer la esencia de

Dios. Ser puro no significa solamente hacer cosas buenas; más que nada consiste en estar libre de envidias, maldad y cobardía; implica un autoconocimiento profundo y desechar la propia historia personal. La pureza solo es posible cuando no se autofermenta la maldad y cuando al interior de cada uno se le ama tanto o más que al exterior…".

—¿Cómo es posible que a veces seamos incapaces de ver todo lo que hay a nuestro alrededor? —exclamó Finya—. Compramos una vela y la dejamos olvidada sobre una silla sin acordarnos jamás de admirarla o al menos verla. Pensamos que deben existir cosas más importantes que verla, o que observar una flor, una piedra o un árbol.

—Es que así nos enseñan —dijo Joanne—, nos dicen que debemos ser esto o aquello, que debemos sobresalir o estudiar, y nos hacen pensar que solo si lo hacemos seremos valiosos. En cambio, si vemos una vela o una flor, no somos nada; eso es lo que empezamos a creer y por ello no admiramos todo lo que existe a nuestro alrededor. Yo a veces soy así con mi pintura, creo que debo pasarme la vida pintando y que no tengo derecho a hacer otra cosa porque eso me haría perder el tiempo.

—La verdad de las cosas —dije— es que deberías esperar a que te llegara la inspiración y, solo en esos momentos, pintar. Hacerlo en forma determinante y con temor de perder el tiempo en otra cosa no es bueno.

—Eso ya lo sé —replicó Joanne—, pero ¿cómo lograrlo?

—Es necesario —respondí— que seamos puros, es decir, libres, y eso solo se logra pensando que lo que sentimos es valioso; si sentimos deseos de descansar, hacerlo es valioso; si nos da la gana ver las estrellas, es valioso. Todo es cuestión de confiar en nosotros mismos…

Los monjes escuchaban con atención concentrada. Su Señoría continuaba hablando: "Dios está en todo lo que nos rodea, Él es el método y la meta, pero para llegar a Él debemos llegar a nosotros mismos; si no lo hacemos así, nunca comprenderemos. Debemos tratar de encauzar nuestros esfuerzos a ese autoconocimiento, pues solo así lograremos, con ayuda de Dios, encauzar al mundo. Nuestro mundo está en plena decadencia y degeneración, la juventud solo se preocupa de lograr placer y no le importa pisotear todos los valores conocidos…".

Joanne tenía una mirada brillante y profunda. Se recostó en el colchón y empezó a hablar:

—El máximo placer está en el autoconocimiento, nada existe fuera de eso, y para lograrlo es necesario vivir, es preciso verlo libremente en lo que hacemos, y eso solo ocurre cuando se manifiesta lo que se es y se acepta ese ser como lo que es, sin ocultamientos, sin hipocresías…

—Joanne —interrumpí—, tengo muchas ganas de abrazarte.

—¿Qué dijiste? —preguntó.

—Que tengo muchas ganas de abrazarte.

Enrich estaba entusiasmado, las palabras de Su Señoría le producían una felicidad muy grande. Se atrevió a hacer una pregunta:

—Yo quisiera que el mundo se diera cuenta y aceptara el amor. Me gustaría salir de Sucevita y transmitir esta certeza, pero me da mucho miedo hacerlo, ¿qué quiere decir eso Su Honorable?

—Solo significa que tu certeza no es tal, que tu conocimiento es intelectual y lógico, pero no vivencial; si lo fuera, no tendrías miedo…

Finya y Joanne estaban asombradas. Finya me miró con ojos de lástima y me dijo:

—Me sacaste de onda, ¿por qué dijiste lo que dijiste y no lo hiciste? Si tienes ganas, según tus propias palabras, es valioso, entonces ¿por qué?

—Me dio miedo, Finya —contesté—, miedo que no coincidiera…

Enrich meditaba en su celda, se sentía muy triste y angustiado. Su Señoría tiene razón —pensaba—, hay algo que falta, lo entiendo y me gusta, pero tengo miedo. Eso solo significa que estoy inseguro, pero… ¿cómo no estarlo?…

Me levanté de mi asiento, me acerqué a Joanne y la abracé. Es una sensación deliciosa —pensé—, acariciarla es como oler una flor…

Enrich se levantó de la silla, tomó su abrigo y después de despedirse de Su Señoría salió al mundo…

—¡Miren lo que encontré! —casi gritaba Finya—. En este libro hay un poema acerca de mí, escrito por Rus:

> Tienes la esencia de lo felino.
> Lames tus heridas a solas.
> Para no llenarte de maldad.

—Cómo quiero a Rus, tiene una profundidad increíble y además me describe como soy.

—Es cierto —dijo Joanne—, así eres tú.

—Joanne —le dije—, te ves triste.

—No es tristeza —contestó—, es la preocupación por no poder transmitir mis ondas, es que es inútil, no las puede uno comunicar. Yo digo mis cosas a mi manera y la gente a veces es tan tonta que no las entiende, pero no por eso voy a dejar de decirlas como yo quiera. Yo no tengo por qué cambiar ni hacerme entender —continuó—, simplemente coincide o no coincide, eso es todo.

—Es que la gente —dijo Finya— no quiere entender; si quisiera, todo coincidiría.

—Lo que pasa —contestó Joanne— es que hay gente que no tiene dignidad. Es tan fácil darse cuenta cuando alguien no la tiene; siempre da lástima y coraje ver a alguien así.

—Vamos a oír a Stevens —propuse—, es la profundidad y la belleza.

—Claro —contestó Finya feliz—, es lo máximo.

—¿Sabes, Finya? —dijo Joanne—. Me gustaría que él estuviera con nosotros, no sé si es porque yo quiero que esté o porque debiera estar.

—Yo creo —le contestó Finya— que estaría bien aquí, si tú sientes que debiera estar es porque sería bueno que estuviera.

—Nos gustaría mucho —dijo Joanne— que lo conocieras, es la buena onda.

—Seguramente está en la choza, en Acopilco —dijo Joanne—, oí que iba a haber un reventón allí. ¿Qué tal si vamos?

—¿Qué es un reventón? —pregunté.

—No te puedo explicar —dijo Finya—, tienes que vivirlo.

—Vamos, por favor —me pidió Joanne.

La carretera estaba deliciosa, los árboles del camino apenas se veían y el carro parecía deslizarse sobre nubes.

La choza era agradable, había un pequeño cuarto con una chimenea y el calor era reconfortante. El amigo de Finya y Joanne estaba allí como esperándonos.

—¡Hola —dijo—, qué buena onda que vinieron!

—Es que pensábamos mucho en ti —explicó Joanne— y queríamos compartir contigo lo que sentíamos.

—Yo también quería estar con ustedes —dijo él—. Estaba viendo el fuego y oyendo música y les transmití vibraciones muy intensas. Es muy buena onda que hayan venido.

—¿Cómo te llamas? —le pregunté.

—Yo soy Enrich —contestó—, ¿y tú?

EL CERO

El visitante era esperado con una mezcla de curiosidad y ansiedad. Al Harisi había ordenado que dos vigías estuviesen pendientes de cualquier señal que indicara que Yani Jaba se aproximaba.

Al tercer día, uno de los vigías anunció haber divisado una columna de humo que parecía moverse en dirección al palacio real.

Al Harisi mandó llamar inmediatamente al director del Seminario Matemático del reino y encerrándose con él en el aposento real le explicó la trascendencia de la visita inminente de Yani Jaba.

La mayor satisfacción de Yani Jaba era viajar a través del desierto; la arena le había enseñado lo que los hombres no habían podido a pesar de su elocuencia y del uso del lenguaje. En dos ocasiones había sido desterrado de Arabia y también en dos ocasiones había sido perdonado por el mismísimo califa en persona. Hacía cinco años que nadie lo había molestado y he aquí que Al Harisi le pedía presentarse, con urgencia, en el Palacio Real. Nada bueno —pensaba Yani Jaba— se obtendrá de esta visita; pero negarse a ella equivaldría a una muerte segura.

En la época del califa Ibraim, Yani Jaba ocupaba la dirección del Seminario Matemático, y en ese cargo había desarrollado toda una evolución en la concepción de interacciones numéricas. Fue precisamente por ello y durante aquella memorable sesión del Consejo Directivo del Seminario que se decidió desterrarlo por primera vez del reino. Era paradójico cómo un desarrollo tan notable en el pensamiento matemático había encontrado tal oposición, sobre todo cuando en la actualidad esa misma concepción era ya aceptada como obvia.

El segundo destierro ocurrió aquella misma mañana del segundo mes, cuando Yani Jaba fue hallado en su alcoba tomando medidas de la esposa favorita del califa para utilizarlas como datos para formular la relación geométrica perfecta para una mujer. Se consideró —injustamente por supuesto— una falta de respeto y una humillación para la familia real. Y Yani Jaba pensaba que ahora sería el tercer destierro.

Una fila de caballos árabes purasangre salió con sus respectivos jinetes a dar la bienvenida a Yani Jaba. En la entrada a palacio se dispuso a dar el saludo real la guardia personal del califa. Cuando Yani Jaba llegó a las puertas del marmoleo edificio el califa, a pie, salió a recibirlo.

Aquella noche todo el harem se puso a disposición del exdesterrado matemático. A las ocho de la mañana, un enviado especial de Al Harisi vino a despertarlo y servirlo. A las 10, Yani Jaba saboreaba un delicioso desayuno, sentado junto a la fuente cristalina del cuarto de estar, en el palacio.

A las 12 en punto, Yani Jaba fue conducido a los aposentos reales, en donde lo esperaban el califa y el director del Seminario Matemático. Se sentaron en sendos cojines alrededor de una mesa redonda. El cuarto recibía abundante luz solar, pero la atmósfera era fresca, pues el ingenioso arquitecto del palacio había ideado un excelente sistema de ventilación.

Al Harisi tomó aliento y, después de esbozar la mejor de sus sonrisas, le dijo así a Yani Jaba:

—Te he llamado por tres razones. La primera de ellas es que te estimo mucho y ya extrañaba tu presencia. La segunda es porque el desarrollo de la concepción de interacción numérica ha sufrido un revés y se halla estancada. Sucede que tú, su inventor, deberás sacarla del atolladero. La tercera razón es un sueño que tuve y que solo tú podrás interpretar. Soñé que el tiempo medido con una clepsidra se detenía, pero yo seguía pensando. Cuando me daba cuenta de ello, el tiempo empezaba a marchar y yo me asombraba del nulo tiempo que había pasado y de la cantidad tan grande de pensamiento e ideas que había tenido en ese tiempo que no pasó. Deberás decirme el significado del sueño además del otro encargo.

Yani Jaba reposaba en su cuarto, veía una flor y trataba de entender el sueño del califa. Se le ocurrió que algo semejante al sueño podía estarle ocurriendo, estaba viendo la flor y esa visión no tenía tiempo. Es más, si la visión se dividía en número infinito de partes, cada una seguía siendo una flor. Llegaría un momento en que el número de divisiones fuera tan grande que el tamaño de cada una sería muy pequeño y, sin embargo, la visión de la flor no cambiaría. Si las divisiones continuaran ocurriría que cada una de ellas sería una nulidad y, sin embargo, la visión permanecería igual. Quería decir, entonces —se regocijaba Yani Jaba—, que la nulidad existe.

Yani Jaba mandó informar al califa que había encontrado la solución de su sueño y al mismo tiempo había descubierto aquello que haría que la concepción de interacción numérica siguiera desarrollándose.

A las 12 en punto, Yani Jaba fue trasladado al aposento real.

—La solución de tu sueño —le decía Yani Jaba a Al Harisi— es muy simple y paradójicamente es la misma que necesita la concepción de interacciones. Es la aceptación de la nada como realidad, es la invención de una nueva matemática, la de la nulidad existente. Para que lo entiendas, te daré un ejemplo. Imagínate una esfera hueca, el interior de ella no contiene nada, es la nulidad, pero ese interior existe, pues forma parte de la esfera. Es decir es la existencia de la nulidad. A ella le daremos el nombre de cero.

EL OBSERVATORIO

En el asteroide 105925 H está construido el observatorio. Cuando uno se acerca a él, desde la periferia pronto se empieza a reconocer un punto blanco enclavado en una mole oscura. A suficiente distancia se puede empezar a distinguir las dimensiones del gigantesco edificio: Una esfera blanca en el centro de cuatro brazos construidos en forma de cilindros. Cuando uno desciende al asteroide, y después de verificados todos los controles baja al suelo, es cuando sufre el *shock*. Es un edificio demasiado grande, tanto que se siente que va a aplastarlo a uno.

Pero cuando uno penetra en uno de los cilindros es cuando deja de impresionar. Desde luego que el decorado es muy moderno, pero casi es un hogar. Cuando uno se acerca a la esfera central, se empieza a notar un extraño resplandor azul-violáceo.

En el momento en que uno se asoma por la barandilla empieza a escucharse música de Scarlatti, y al voltear al centro de la esfera se ve el mundo del cual uno proviene. Y el mundo se hace grande o pequeño, y cuando es grande está allí.

Y después de ver eso sin entenderlo, uno da unos pasos y se encuentra con otra barandilla; al asomarse, allí en medio de la esfera está toda una galaxia. Y otros pasos y otra barandilla, y allí está todo el universo. En ese momento es cuando uno lo decide, se lanza al centro de la esfera y en el trayecto pasan mundos y estrellas, y todo porque uno se dirige al centro de la esfera.

En ese instante uno se vuelve universo, se ve como separado de otros muchos que viven en otros mundos pero al mismo tiempo se da uno cuenta de que podría ser cualquiera de esos seres y que lo que importa realmente es el universo que uno se forja y construye. Se descubre que cada paso puede significar otro universo, y que entrar a él solo depende de un cambio en el punto de referencia, en el de hijo, hermano, esposo, padre, casa, poblado, ciudad, país, continente, mundo, sistema solar, constelación, galaxia, universo…

En ese momento se abarca todo porque todo empieza a estar dentro de uno.

El observatorio es un edificio gigantesco sobre el asteroide 105925 H. Cuando se logra penetrar a él, se vuelve uno el universo…

SEGUNDA PARTE

Comentarios

DE LA CONSTRUCCIÓN INTERNA DEL MUNDO

Observa la hoguera que arde en la chimenea de tu hogar.

Los leños ardientes no tienen luz ni calor en sí mismos. El movimiento de las llamas y las lenguas de fuego no existe como tal.

Eres tú quien construye y percibe el calor, la luz y el movimiento del fuego. No eres tú el creador de las interacciones moleculares y atómicas de aquello que llamas fuego; tampoco construyes la transformación química, pero el calor y la luz que sientes se producen solamente dentro de ti y son tu efecto.

Tú no creas las células del árbol de tu jardín, pero sí el verde de sus hojas y la frescura de su sombra. Tú no construyes el movimiento electrónico de los átomos de la molécula de agua, pero sí la frialdad de su contacto y su carácter cristalino. No eres tú el responsable de la fermentación del vinagre, pero sí de su sabor agridulce y añejo.

Aquello que te rodea sufre en ti mismo —cuando lo percibes— dos transformaciones. La primera ocurre cuando tu sistema nervioso transduce los cambios energéticos externos en una actividad eléctrica en las neuronas de tu cerebro. La actividad eléctrica es igual, independientemente de si la energía externa que la provoca es movimiento de fotones, cambios de presión en el aire o incremento de choques de electrones. La segunda transformación sucede cuando la actividad eléctrica da lugar a una experiencia subjetiva de luz, sonido o calor. La luz, el sonido o el calor no existen en los objetos, eres tú el responsable y único creador de su existencia y realidad.

Desde este punto de vista, el mundo, como tú lo percibes, es solo una descripción. Si nuestro cerebro estuviese construido en forma distinta, distinta sería la descripción. Si, por ejemplo, la vía visual terminara en la corteza auditiva en lugar de en la visual, y viceversa, veríamos sonidos y oiríamos luces. Ese sería el mundo para nosotros y llegaríamos a considerarlo tan real y fuera de nosotros como ahora lo consideramos viendo luces y oyendo sonidos.

Si pudiéramos convertirnos en un insecto, un ave o un pez, nos daríamos cuenta de que las transformaciones son diferentes y que, por tanto, también lo son las descripciones. Darnos cuenta de que el mundo es solo una descripción no implica desecharlo, sino simplemente aceptarlo como producto de una construcción personal.

DEL SENTIRSE IMPORTANTE

Cuando somos niños, los adultos nos ven como indefensos, inmaduros y faltos de conocimiento. Nos perciben como seres que requieren una guía y un maestro. Por esa consideración se sienten con derecho a enseñarnos. Primero nos convencen de que son ellos y no nosotros los únicos que pueden decidir y saber. Inculcan en nosotros la idea de que somos incapaces e ignorantes y que requerimos guía y consejo. Poco a poco asimilamos esta "enseñanza" y empezaremos a necesitar de guía y maestro.

El proceso se completa cuando internalizamos al otro y ya no es necesaria su presencia física. En ese momento es el otro en nosotros el que decide y al que se debe hacer caso; sus enseñanzas son seguidas al pie de la letra y, lo peor, nos olvidamos de que quien decide es el otro en uno mismo y más bien pensamos que somos nosotros los que decidimos.

La internalización del otro no se hace solo en términos de enseñanzas particulares y concretas, sino, sobre todo, en la consideración de que el otro siempre tiene razón y siempre nos está observando. Nos convertimos en observadores de nosotros mismos a través de la internalización del otro como observador. Quien se observa no es, en realidad, el uno mismo, sino el otro dentro de nosotros. Ser espectador de uno mismo es, en realidad, ser observado por las enseñanzas del otro. Nuestra inseguridad y nuestra dependencia surgen de esa internalización; nuestra falta de libertad interna tiene la misma causa.

Las consecuencias del proceso de internalización son nefastas. En primer lugar, aprendemos a sentirnos observadores, juzgadores y valuadores. Puesto que el otro siempre tiene razón en sus juicios y nosotros mismos no la tenemos, tratamos de ajustamos a las expectancias que el otro en uno mismo ha inculcado, lo cual provoca conductas que tratan de adaptarse y satisfacer el hipotético juicio y la valoración de que somos objeto. En segundo lugar pensamos que todos a nuestro alrededor solo están interesados en observarnos. Pensamos que somos muy importantes y que los otros no tienen otra cosa que hacer más que estar viéndonos y juzgándonos, lo cual tiene una consecuencia absurda y paradójica: cada uno piensa que está siendo observado y, por tanto, se ajusta a esa observación, cuando en realidad todos nos estamos contemplando a nosotros mismos a través de la internalización del otro. El hecho de adaptarse a la supuesta observación y juicio del otro, cuando en realidad el otro está ocupado en verse a sí mismo y no en observarnos, crea una situación falsa y redundante donde la única razón y motivo de la relación entre uno mismo y el otro es el mantenimiento de las enseñanzas del otro internalizado.

En tercer lugar, se crea un sentimiento continuo de inseguridad y de lucha por mantenernos en acuerdo con las enseñanzas internalizadas. En el instante en que hacemos algo que no corresponde con la internalización o simplemente lo pensamos, caemos en conflicto y desesperación. En cuarto lugar dejamos de aprender de nosotros mismos porque todo lo que hacemos es analizar nuestras futuras y pasadas conductas en términos de si estuvieron o estarán en concordancia con las enseñanzas, y rara vez en términos de las conductas en sí. En quinto, dejamos de aprender de los otros porque solo los vemos en plan de observadores de nosotros mismos y nunca como entes separados. En sexto, dejamos de sentir, puesto que todo sentimiento que pueda no corresponder con la estructura internalizada es rechazado y bloqueado desde antes que aparezca.

Por sobre todas las cosas dejamos de ser libres por considerar que existe un camino prefijado y predeterminado al cual debemos ajustamos y con el cual estamos comprometidos.

DE LOS OPUESTOS

Cuando mencionamos la existencia de algo creamos, al mismo tiempo, su inexistencia.

Cuando manejamos el concepto de bondad construimos simultáneamente el de maldad.

Cuando estamos conscientes de nuestras vivencias inventamos la ausencia de ellas.

Cuando percibimos la vida vemos la muerte.

Cuando discutimos acerca del ser y su esencia hablamos del no ser y sus correlaciones.

Cuando somos espectadores de nosotros mismos somos los artífices del no vernos.

Cuando recordamos que tenemos memoria construimos la amnesia.

Cuando discutimos acerca de la riqueza creamos la pobreza.

Cuando sentimos la vejez recordamos la juventud.

Cuando predecimos el futuro construimos el pasado.

Todos nuestros valores y conceptos, como construcciones verbales, conllevan y resultan de sus opuestos.

El concepto de movimiento solo puede manejarse y entenderse si se conoce lo inmóvil. La conciencia del placer solo existe cuando surge de la del dolor, lo cual significa que los opuestos resultan de una sola construcción y aparecen simultánea e inexorablemente en el momento en que categorizamos y analizamos cualquier vivencia. La construcción simultánea del opuesto es una necesidad verbal, mas no está incluida en la vivencia pura. En otras palabras, la vivencia en sí, sin análisis y valoración, es única y existente en sí misma; en cambio la verbalización de ella solamente es comprensible cuando da lugar y resulta de la comprensión de su opuesto.

Esto, que podría parecer un mero análisis formal y académico, es más real que una necesidad primaria. Para demostrarlo, basta recordar que el concepto de necesidad no existiría si previamente no hubiera habido el de saciedad.

DE LOS ACUERDOS

Un objeto físico se considera como real en cuanto varios observadores así lo acuerden. Si la rosa que alguien observa es también vista por varios, ese alguien tiene la seguridad de que existe. No importa que la vivencia de la rosa sea diferente en los diversos observadores, lo que interesa es que todos ellos le asignen el mismo nombre.

De la misma forma, se acepta que un hecho es verdadero en cuanto así sea considerado por una cultura, una sociedad, un grupo, o por lo menos, más de un aceptador. Esto es lo que nos han impuesto como enseñanza y es tal su fuerza que quien logra sustraerse de ella es considerado como enfermo.

Nuestra sociedad asigna el máximo valor a las situaciones de acuerdo. Tal asignación no sería muy grave si solamente se redujese a lo que llamamos mundo físico. La gravedad del asunto es que no se reduce a ese mundo, sino que, por el contrario, se transfiere al mundo interno.

Si alguien tiene un sueño, ese sueño es considerado irreal puesto que solo hay un observador.

Cuando alguien tiene una idea o un pensamiento, siente la necesidad de comunicarlos, no para transmitirlos, sino para que produzcan un acuerdo. Si tal acuerdo no se logra, la idea o pensamiento se invalida.

Las partes de nuestra experiencia interna que no son aceptadas por los otros dejan de ser aceptadas por nosotros mismos. Su realidad y valor dependen del acuerdo que logremos establecer. Somos esclavos de los otros y esto nos impide ser libres.

Es solo cuando empezamos a respetarnos, es decir, cuando sabemos que la realidad de nuestra experiencia interna no necesita ser validada por acuerdos, que empezamos a ser libres. La realidad de una experiencia está contenida en la misma experiencia, jamás en su aceptación, validación o valoración por los otros.

Alguien podría preguntar qué sucede cuando la valoración la hace uno mismo. La contestación es inequívoca: tal valoración no existe en nosotros, es siempre resultado de los otros, en este caso, de los otros introyectados en uno.

DE LA HERENCIA

Jugar es manifestar algo que no está directamente relacionado con lo que se siente. En el jugar hay una separación entre la conducta abierta, es decir, la realidad que el otro puede compartir y la realidad interna.

El ser humano no es el único que juega; los animales "inferiores" también lo hacen. En una colonia de gatos en cautiverio, el felino dominante agrede a los demás miembros cuando, estando muy hambrientos, alguien les ofrece comida. La causa de la agresión es, en ese caso, muy distinta de la agresión misma. El animal quiere la comida, no desea agredir; sin embargo, ha aprendido que la única forma de lograr su objetivo es apartar a los otros gatos del alimento. Esto no es otra cosa más que un juego.

La conducta que muchos animales utilizan para defender su territorio no es muy diferente de la anteriormente descrita. El gorila espalda plateada ha aprendido que su apariencia es tan impresionante que le basta darse golpes en el pecho o patear al suelo al mismo tiempo que gesticula para que cualquier enemigo potencial se aleje de su territorio. El deseo de conservar el territorio es muy diferente, en sí, de la conducta a que da lugar.

En este caso particular, el gorila juega a ser muy agresivo, pues ha aprendido que esa es la forma en que puede asegurar la subsistencia de su colonia. De nuevo, la conducta manifiesta se aleja y se separa de su verdadera razón de ser.

El gorila es muy pacífico, casi nunca utiliza la fuerza física para lograr sus objetivos, le basta con manifestar la conducta que los otros animales interpretan como agresión, a pesar, o quizás por el hecho, de que su realidad interna es contraria a esta manifestación.

Los juegos de los animales están siempre relacionados con una necesidad de subsistencia primaria. Es esta necesidad, lo que los impulsa y mueve a jugar. Entre lo que el animal "siente" y lo que actúa hay una serie de procesos mediatorios que forman un puente o conexión entre la realidad interna y la externa. La conexión se establece a través de un proceso de aprendizaje y es siempre resultado del deseo de supervivencia.

El hombre ha desarrollado al máximo su capacidad de construir puentes mediatorios. Es una herencia que ha conservado intacta, aunque en la mayor parte de los casos implica, y tiene como razón de ser, una inseguridad interna que se desea disminuir.

El hombre que manifiesta amor cuando en realidad siente odio o el que actúa como si sintiera una emoción cuando en realidad tiene una nulidad afectiva juega estos juegos por dos razones cuando menos: *a)* para defenderse ante su sensación de impotencia e inseguridad y *b)* para no provocar daño.

La persona que juega motivada por la primera razón se caracteriza por su tendencia a usar a las personas como objetos. La que juega impulsada por la segunda se caracteriza por su ingenuidad. En ambos casos, sin embargo, se ha desarrollado una conexión mediatoria entre lo que se siente y lo que se manifiesta.

El hombre, al igual que los animales "inferiores", desarrolla esa conexión como resultado de aprendizajes previos y, por tanto, aprende a manifestar algo muy distinto de lo que realmente siente. Pero, a diferencia de los animales, es impulsado en sus juegos por una serie de consideraciones teóricas que son muy diferentes de aquello que realmente las provoca, y de aquello de donde resultan y de lo que dan como resultado.

El hombre no es los juegos que juega y, por tanto, es capaz de darse cuenta de su existencia y sobre todo de desecharlos. Cuando logra hacerlo, no solamente echa por la borda toda su historia personal, sino que además se aleja de su herencia.

Ese proceso provoca un cambio de estado que se caracteriza por el paso desde un determinismo absoluto hacia el autodeterminismo. La aproximación al autodeterminismo deja libres y sin inhibiciones todos los procesos de representación, creatividad y libertad interna que el cerebro humano es capaz de mediar, lo cual tiene como efecto que el ser humano se aproxime a su esencia.

DE LA EXPERIENCIA INTERNA

Existen dos razones que impulsan a alguien a imponer estructuras y establecer acuerdos. La primera proviene del deseo de darle más realidad a una experiencia interna. Lograr que alguien tenga la misma experiencia interna a través de un proceso que implica acceder a aceptar un acuerdo e incorporar una estructura hace sentir que por este motivo esta adquiere una realidad cuasi física. Este proceso es una simple transferencia del aprendizaje que consiste en considerar un hecho físico como real si y solo si varios observadores están de acuerdo con que lo es.

La segunda razón es el deseo de compartir una experiencia interna. Lo que un sujeto siente, los estados de serenidad, angustia, depresión, amor, etcétera, poseen un carácter de tal intensidad en cuanto a su existencia y realidad que es difícil pensar que la o las personas con quienes se establece relación no tengan las mismas vivencias fenomenológicas. Saber si realmente las tienen es siempre una interrogante difícil de responder. Es precisamente esta dificultad lo que impulsa a tomar medidas tendientes a obligar a las otras personas a incorporar ese tipo de experiencias.

Es definitivamente absurda la idea de que se puede transmitir una experiencia a través de la utilización de procedimientos de presión. Lo único que se logra en la mayoría de esos casos es una manifestación externa que indica que se tiene la experiencia, sin que realmente se haya logrado transmitirla. Solamente en algunos casos las técnicas impositivas logran cambiar la experiencia interna. Técnicas conocidas vulgarmente como de "lavado de cerebro" lo pueden lograr; sin embargo, el resultado en otras áreas es desastroso para el sujeto.

Comúnmente, la persona que desea imponer una experiencia interna se da por satisfecha cuando la persona a quien se la impone manifiesta signos externos que indican éxito en la imposición, lo cual es muy contradictorio y absurdo, ya que lo único que se logra es una manifestación que no es otra cosa más que un engaño, y no la vivencia interna que se deseaba transmitir, y, sin embargo, eso satisface al impositor.

Lo anterior indica que el deseo de compartir una experiencia interna es solo un juego más. Compartirla o no compartirla puede o no ocurrir, pero nunca es resultado de ejercer una presión.

DE LA DURACIÓN DE LOS CAMBIOS

Acostumbramos pensar que un cambio en una persona tarda mucho en efectuarse, que siempre es parcial y solo está relacionado con alguna área restringida de la llamada "personalidad". Nada hay más falso; el proceso de cambio está completamente separado y es ajeno a la dimensión temporal. El cambio solo se da cuando está ocurriendo, y ese ocurrir es siempre en el ahora; por ello, ni dura mucho ni dura poco, simplemente no reconoce tiempo. Cuando alguien descubre una nueva dimensión es cuando cambia, el descubrimiento ocurre en un instante. Antes de ese momento no había cambio, por tanto, ese cambio no existe sino solamente en el instante en que ocurre. Pensar que lo acontecido antes de ese instante es parte del cambio es aceptar que la nulidad existe.

En cierto cuento del género ciencia ficción, se relata acerca de "un gran inventor que descubre la máquina del tiempo después de haber cometido un asesinato. Se le ocurre que la mejor manera de evitar el castigo de la justicia es remontarse al pasado. Al hacerlo vive de nuevo toda su vida hasta el momento en que comete el asesinato e inventa la máquina del tiempo. De nuevo se le ocurre que su salvación es remontarse al pasado. Al hacerlo vuelve a vivir su vida hasta cometer el homicidio, inventar la máquina del tiempo y remontarse al pasado…". Todo este círculo continúa hasta el infinito y por todos los tiempos. La situación que antecede al cambio es semejante a este círculo infinito… es decir, a la nada; por tanto, no existe.

Cuando ocurre el cambio, no es ni parcial ni restringido, más bien es una renovación total y absoluta donde todo se modifica y nada de lo anterior permanece.

Quizá por esa razón resulta tan difícil cambiar. Existe un deseo intenso en el sentido de que todo permanezca igual; se teme a la modificación porque se sabe que será total.

La persona que cambia viaja a través de un gradiente, en el que las primeras modificaciones ocurren en intervalos cortos y son relativamente sencillas. Después, los cambios se van espaciando y cada vez son más profundos y totales. Llega un momento en el que el cambio solo puede significar una renovación total y absoluta.

DE LOS ENEMIGOS

El don Juan de Carlos Castaneda afirma que el hombre, para ser libre, debe vencer a cuatro enemigos: el miedo, el poder, la edad y la claridad. El porqué de los tres primeros es relativamente fácil de comprender. El hombre que tiene miedo de desechar acuerdos, que depende de la estructura del poder o se siente viejo no es libre. Solo cuando vence a esos tres enemigos, lo empieza a ser.

El enemigo "claridad" es más difícil de entender. Con este término, don Juan se refiere a aquellas situaciones en las que se depende de una estructura lógico-teórica o de una serie de ideas preconcebidas para explicar el universo. Ver las cosas a través de una estructura produce la sensación de que todo es explicable y transparente, que todo es claro y fácil. A lo único que conduce este tipo de claridad es a la redundancia y a dejar de aprender, por ello es un enemigo que atenta contra la libertad interior. La claridad se puede vencer solamente cuando alguien se da cuenta de que el único aprendizaje válido es el que enseña que lo que se puede aprender no tiene límites y que, por tanto, la aparente claridad es solo un preludio de nuevos descubrimientos.

DEL APRENDIZAJE

¿Cómo explicar que alguien simultáneamente manifieste conductas asociadas a la dependencia y sumisión y por otro lado a la fuerza y al autoritarismo? La única forma es pensar que las personas que enseñaron estos juegos manifestaban las mismas dualidades.

El niño pequeño ve a alguien autoritario y también ve a alguien que se somete a esa autoridad. La dependencia y la sumisión las aprende de aquellos que se someten al autoritario; en cambio, la fuerza y el poder los aprende directamente del autoritario. Este aprendizaje, aunado al hecho de que al principio del desarrollo ontogenético aprendemos imitando, hace que en la persona en formación se graben las dos tendencias. La conducta autoritaria se utiliza para las mismas situaciones en que se le vio siendo utilizada; la conducta de sumisión se aplica y surge en las mismas situaciones que fueron asociadas a la sumisión del otro. Es solamente cuando podemos reconstruir estas vivencias y podemos entenderlas que empezamos a vencerlas.

DE LOS HIJOS

El deseo auténtico de tener un hijo solo surge cuando se logra vencer la sensación y la vivencia de inseguridad, y, por tanto, cuando se es capaz de empezar a dar y recibir.

La relación padre-hijo o madre-hijo solo es productiva cuando ambos miembros son capaces de aprender uno del otro. Esto se produce en el momento en que la estructura de ser padre o madre se logra desechar, quedando solo aquello que es esencial y es propio.

Un hijo nunca debe ser un objeto de uso ni tampoco un satisfactor de necesidades. Es un hermano y compañero que enseña y aprende, y es, por tanto, digno de mayor respeto y admiración.

El deseo de hacer del hijo lo mismo que el padre o la madre es solo una huida ante la propia inseguridad. Es el deseo de establecer un acuerdo y de fincar una estructura. Quien no sea capaz de aprender de un niño, no debería tener hijos.

DEL APRENDER

El único culpable de no poder aprender es aquel que no aprende nunca aquello que enseña. El mundo es tan amplio y maravilloso que no verlo es siempre resultado de una ceguera; cualquier cosa puede enseñar.

Levantar la cabeza y ver un espejo que refleja luz solar puede ser un acto automático o bien puede dar lugar a infinitos aprendizajes. Ese acto motor puede revelar toda la estructura fisiológica de la actividad muscular, todas las leyes de la óptica y la existencia del sol y de sus reacciones. Puede dar lugar a la máxima vivencia perceptual y a toda una filosofía fenomenológica. Desgraciadamente, casi siempre levantar la cabeza no es más que "mover el cuello". El que sea esto último o lo anterior no depende del movimiento en sí, sino más bien de la libertad para entenderlo. Esto indica que cualquier evento puede convertirse en el máximo aprendizaje, dependiendo de que quien aprende así lo desee.

DE LA INTROYECCIÓN DE LOS OTROS

Ser espectador de uno mismo tiene como razón y fundamento el deseo y la necesidad de ser visto por los otros. De hecho, verse a sí mismo y valorar lo que se hace, se dice o se siente siempre es verse a través de los otros.

Una vivencia real nunca va acompañada del observarse; el que vive es uno mismo y por tanto no puede existir la autovaloración. Si esta aparece, la vivencia deja de serlo y se convierte en una simple estructura redundante y circular, la cual da como resultado que se deje de sentir. Es por ello que los eventos en que se ha sido un autoespectador difícilmente son recordados. Solamente las vivencias reales se consolidan como recuerdos.

Recordar que se ha sido espectador de uno mismo no tiene ningún carácter, especificidad o realidad y por tanto no puede ser revisado. En cambio la experiencia vivencial tiene tal fuerza y saber que siempre se recuerda como tal.

DE LA MEMORIA

Nuestro cerebro es un mecanismo que posee una capacidad infinita para almacenar información. Es muy probable que todas nuestras experiencias vivenciales existan en nuestro interior como memorias.

Cuando evocamos una información almacenada, esta aparece como nueva vivencia extraída y localizada en el almacén de memorias. Que no la evoquemos no significa que no exista; siempre permanece activa e influyendo sobre nuestra experiencia.

Las experiencias y los eventos almacenados en la memoria no se encuentran encajonados y aislados unos de otros, sino que se influyen mutuamente y permanecen activos. La influencia mutua y la actividad deben cursar a través de canales y codificaciones lógicas.

Es precisamente esta lógica de influencias mutuas lo que hace aparecer diferente a una persona de la otra.

DEL MIEDO

Cada uno de nosotros tiene en su haber un número tan grande de experiencias que deberían ser suficientes para permitirnos entender el universo. Sin embargo, es excepcional el caso de alguien que logra llegar a tal nivel de comprensión. La única razón que explica por qué lograr entender el universo es tan excepcionalmente raro es que las experiencias vividas se han autoinvalidado.

La invalidación implica siempre no confiar en la validez y realidad de las propias experiencias, sino, por el contrario, pensar que solo las ajenas son valiosas y auténticas.

Los miedos que se sienten no son otra cosa que los miedos de los otros. Resulta muy fácil entenderlo: el miedo que se experimenta jamás es auténtico, proviene de no entender una situación, de no confiar en la capacidad de entenderla, y esta desconfianza es efecto de la incapacidad de darle valor a la experiencia propia.

DE LA REALIDAD COMO EXPERIENCIA INTERNA

La única realidad que conocemos es nuestra experiencia interna. Solo existe algo para nosotros cuando somos capaces de experimentarlo. Las existencias de un mundo físico y de uno interno confluyen y se convierten en una sola cuando las sentimos.

El mundo físico y el mundo interno solo pueden diferenciarse por su carácter de estímulos-gatillo que desencadenan un proceso interno. El árbol físico es diferente del que aparece en nuestros sueños, en términos de que el primero activó nuestros procesos internos a través de la puesta en marcha de nuestras vías sensoriales, y el segundo activó esos mismos procesos por medio de una estimulación cerebral central. La activación a través de una vía sensorial o activación tópica es la única diferencia real entre el mundo físico y el "imaginario".

El proceso interno que resulta de los dos tipos de activación siempre es el mismo y determina y constituye la realidad. Cuando alguien vuela, la realidad de su vuelo no se la da el poder despegarse del suelo, sino la experiencia y la sensación de hacerlo. Fulano puede soñar que vuela, y Zutano, subirse a un avión y dormirse. Nadie verá a Fulano volar, y todos verán que Zutano sí lo hace. La realidad de Fulano y la de Zutano son contrarias a la de los observadores. Fulano sentirá que vuela; en cambio, Zutano no.

Puesto que los observadores solo ven a Zutano volar como resultado de la experiencia interna de verlo volar, y puesto que es precisamente esa experiencia la única realidad para los observadores, también lo es como única realidad para Fulano y Zutano. En otras palabras, el único que vuela en realidad es Fulano, puesto que su experiencia interna es volar. Zutano no vuela puesto que no tiene ninguna experiencia que corresponda. Para los únicos para los que vuela Zutano es para los observadores, puesto que esa es su experiencia interna.

Si alguien pregunta de qué depende el vuelo y de qué la realidad, la contestación honesta solo es una: ¡de la experiencia interna! Tal afirmación podría llevar a pensar que, si todos aceptáramos como única realidad la que se experimenta, el mundo se convertiría en un caos esquizoide, puesto que dejarían de existir acuerdos. La verdad de las cosas es que el caos es el que estamos viviendo al aceptar algo como real solo porque varios observadores lo consideran así. Solamente cuando esa consideración fuera capaz de vivirse como experiencia propia es cuando deberíamos aceptarla, pues admitirla antes de vivirla solo trae como consecuencia que no podamos entenderla.

La crisis y la ineficacia de casi todos los procedimientos contemporáneos de enseñanza y de transmisión del conocimiento surgen de no entender que ese conocimiento no puede ser transmitido por autoridad intelectual, sino solamente como una vivencia real.

Aceptar un conocimiento sin experimentarlo, sino solamente porque varias "autoridades" están de acuerdo en que existe, tiene las más nefastas consecuencias. El aceptador se convierte en un simple repetidor de conocimientos, de hecho, idéntico a sus maestros, y, como ellos, transmitirá información por autoridad y por acuerdo, pues es lo único que ha aprendido, de otra forma no lo haría.

El aceptador de conocimientos por autoridad nunca está seguro de nada y sobre todo no confía en sí mismo. Si alguien le dice que lo que piensa hacer es peligroso, cederá ante la sugerencia a pesar de que no sea cierto. No utilizará sus experiencias, puesto que antes de hacerlo las invalidará pidiendo consejo; se convertirá en un robot automatizado que siempre será efecto y nunca causa.

De hecho, jamás podrá entender el universo, puesto que no se entenderá a sí mismo.

DE LAS IMÁGENES

Una imagen es intangible, tanto como una experiencia o un sueño. Su duración es tanta como su existencia y esta solo ocurre en el instante en que se le tiene. La imagen es producto de la actividad cerebral, pero en sí misma no tiene contraparte física.

Una imagen es una representación del universo que, sin embargo, se aleja de este en cuanto no posea en sí misma ningún atributo tangible o medible. Es cierto que puede dar lugar a cambios físicos y manifestarse y correlacionarse con algún movimiento, objeto o textura, pero no es ninguna de esas cosas. No es abstracta ni física; simplemente es real. Su realidad es tal que no se le puede negar. Quizás algún día sepamos cuántas neuronas son necesarias para dar lugar a una imagen y conozcamos qué activaciones de patrones cerebrales son las que se llevan a cabo para que aparezca; sin embargo, esos conocimientos no serán suficientes para explicar su existencia. Al tener una imagen, no sentimos la activación celular que la origina ni observamos la electrofisiología responsable de su aparición; solo tenemos la realidad y certeza de su existencia como imagen. El mundo que percibimos tiene, como percepción, las mismas características que la imagen que nos representamos. La flor que vemos resulta de la activación cerebral, pero esta no es suficiente para explicarla y entenderla.

Supongamos que logramos construir una máquina con tantos elementos y conexiones como el cerebro humano y que además funcione en la misma forma que este. La máquina tendrá imágenes y será capaz de hacerse representaciones internas, las cuales aparecerán como resultado de la actividad gestáltica de todos los elementos que constituyen el autómata. Surgirán como efecto de la actividad mecánica o eléctrica de sus elementos, pero serán más que esa actividad y no podrán ser explicados cabalmente como resultado de ella, puesto que poseerán características muy distintas. La imagen y las representaciones del robot no tendrán ni masa ni peso, ni ocuparán espacio alguno a pesar de que surjan de elementos que sí los tienen.

En la misma forma, nuestras imágenes son parafísicas a pesar de que resulten del funcionamiento de elementos físicos. ¿Cómo entender la aparición de una nueva propiedad que, estando tan alejada de la física, surge de elementos físicos? Nadie lo sabe.

DE LA LÓGICA

La mejor forma de entender es convertirse en aquello que se quiere conocer. Solamente en ese momento, el conocimiento se vuelve parte del ser, puesto que se siente como experiencia propia. Jamás estaremos en posibilidades de penetrar un misterio si no lo vivimos; de la misma forma, nunca podremos saber de la existencia del universo conceptual de aquel con quien nos relacionamos si somos incapaces de convertirnos en ese aquel.

Nuestra risa, nuestra alegría o nuestra frustración puede ser la misma o diferente experiencia interna de Fulano. La única forma de saberlo es ser Fulano. Si pudiéramos hacerlo, nos daríamos cuenta de que la experiencia interna de nuestro coetáneo es diferente de la nuestra, y, en la misma forma, que la nuestra es diferente de momento a momento. Pero al mismo tiempo conoceríamos que existe algo común y unificador en lo diferente.

El adolescente lo sabe y es por ello que tiene una gran tendencia a vivir y a convertirse en distintos personajes. El desempeño de roles en esa etapa no es otra cosa más que el deseo de vivir diferentes realidades, puesto que solo así es posible entenderlas a fondo.

Ante la gran dificultad de convertirnos en los sujetos u objetos que queremos conocer, optamos por convertirlos a ellos en números, marcas o símbolos que podamos manejar y relacionar entre sí.

Esto no es más que el fundamento de la lógica. Creemos que un manejo lógico de simbolismos nos permitirá tener un conocimiento profundo de los objetos o sujetos que han sido representados por ellos.

No nos engañemos, solo estamos jugando; la prueba de ello es que nuestros razonamientos lógicos aceptan, sin ningún resquemor, relaciones de identidad absoluta cuando en realidad son un absurdo y una falsedad. Las relaciones de identidad jamás existen como realidades en nuestra experiencia interna. Solamente existen como tales cuando se intercambian símbolos en forma absoluta, como resultado del falso pensamiento que considera posible establecer reglas de identidad. Es por ello que la lógica que maneja identidades es aberrante.

La identidad absoluta entre dos cosas no existe ni en nuestra experiencia interna ni en el universo físico. Aun la estructura química de dos compuestos aparentemente idénticos es diferente por el simple hecho de que ocupan distintas localidades espaciales.

La matemática, como estructura lógica, existe en sí misma, pero jamás representa la realidad, puesto que, al igual que la lógica, se basa en relaciones de identidad.

La persona que utiliza procedimientos lógicos para llegar a un conocimiento se engaña a sí misma, puesto que lo único que logra es un manejo lógico, no una vivencia real del sujeto de conocimiento.

De la misma forma que la identidad absoluta solo existe y se maneja en el tratamiento lógico, las diferencias absolutas no son más que una estructura que se considera real porque nadie ha enseñado otra cosa. Parece contradictorio sostener que la identidad absoluta tiene tanta inexistencia como la diferencia absoluta; sin embargo, no lo es.

Es tan falso decir que la alegría de Zutano es idéntica a la de Fulano como decir que son distintas. Simplemente son en ellas mismas y por tanto no requieren ni se validan a través de una comparación. Lo bueno y lo malo, lo blanco y lo negro no existen como diferencias; es más, no existen ni siquiera como vivencias auténticas por la sencilla razón de que conllevan en forma implícita la necesidad del opuesto para ser reales.

Una experiencia no es blanca ni tampoco buena, simplemente es, y como tal tiene una existencia separada única e instantánea. Esto nos lleva de la mano a la consideración de que lo único que existe es mientras existe. La sensación de serenidad que alguien puede experimentar en este momento solo existe en el ahora y en el instante en que se siente. Pensar que ayer se sintió o que mañana se sentirá sin sentirla es depender de la estructura lógica que considera al tiempo como real. Es olvidarse que aun pensar en el mañana o en el ayer solo ocurre en el ahora, y que la sensación que no se tiene no existe.

Pensar que no se es feliz en el presente y desear que en un futuro sí se sea constituye la más absoluta aberración; significa que se niega la experiencia presente y se le hace depender falsamente de una situación que no existe. Si en el futuro se será feliz, eso solo ocurrirá en aquel momento, pero ahora no sucede y eso es lo único importante.

Razonar lógicamente acerca de un evento futuro, tratando de conocerlo a través del razonamiento, representa solo una sustitución postiza de nuestra incapacidad de vivir el presente. Es tratar de conocer lo que se sentirá, sin sentirlo. Es estructurar y definir un camino olvidando que al hacerlo se destruye toda posibilidad de aprender.

Cuando analizamos lógicamente un evento de probable ocurrencia, y por tanto nos adelantamos al acontecimiento interno que desencadenará tal evento, nos invalidamos a nosotros mismos.

Solo entendiendo que la realidad es una construcción interna y que esta existe únicamente en el momento en que ocurre seremos capaces de aprender y de vivir.

DE LOS JUICIOS

Juzgar a alguien es subestimarlo, es pensar que lo que determina su conducta y su realidad es simple y mediocre. Cuando decimos que alguien está cometiendo un error o cuando consideramos a alguien como tonto, simple, malo o cualquier otra categoría cuántica y unitaria, lo único que hacemos es demostrar nuestra incapacidad para penetrar en la experiencia de ese alguien a quien juzgamos.

Si pudiéramos hacerlo nos daríamos cuenta de que las cosas no son ni simples ni fáciles, que las razones del otro son tanto o más complejas que las nuestras y, sobre todo, que se determinan por toda una historia y una serie de puntos de referencia.

Juzgar es muy fácil y cómodo y además tiene siempre un componente narcisista y de autocomplacencia. Lo que hacemos al juzgar es convertirnos en punto de referencia absoluto y sin falla —por lo menos, eso es lo que pensamos—, es sentirnos decididores y determinantes de realidades. La verdad de las cosas es que cuando juzgamos no somos más que una hierba movida por el viento. El problema es que en ese momento esa hierba se cree un roble y actúa como tal.

Juzgar a alguien es considerarse incapaz de caer en error, y siempre surge de una ignorancia y de un desconocimiento de nosotros mismos.

Es tal la magnitud de nuestra ceguera que en lugar de desechar los juicios y darnos cuenta de que solo son un juego, los institucionalizamos creando una ciencia del diagnóstico "psicológico". En ella, la gente es considerada sana o enferma, dependiendo de su mayor o menor aceptación de estructuras y acuerdos, cuando en realidad el único enfermo es el diagnosticador, al considerarse a sí mismo como decididor de realidades.

La única salud o enfermedad está dada por el mayor o menor respeto que una persona otorga a su realidad interna, la única enfermedad es la desconfianza e invalidación de nosotros mismos.

DEL HOMBRE DE CIENCIA

La ciencia puede ser enseñanza y aprendizaje solo cuando aporta información que no es posible obtener por medio del análisis interno. La certeza en un conocimiento obtenido del autoanálisis es suficiente como para no necesitar la réplica experimental.

Cuando a pesar de la certeza, el hombre de ciencia acude al laboratorio, lo único que le impulsa es el deseo aparente de compartir y transmitir esa certeza. Sin embargo, es un engaño, por la sencilla razón de que no va a ser posible lograr la certeza en el otro a través de la comunicación objetiva de una información.

Cuando el hombre de ciencia se dedica a tratar de probar ante otros observadores lo que es obvio para él mismo, la ciencia deja de enseñarle y solo se convierte en un juego más. Esto no quiere decir que el conocimiento científico sea inválido, solo significa que no es suficiente por sí mismo y que pierde todo sentido cuando se convierte en una actividad de réplica de conocimientos.

El hombre de ciencia debiera ser feliz, puesto que la información obtenida por él a través de su labor es, más que nada, un conocimiento acerca de sí mismo. Si es infeliz significa que su trabajo es solo un engaño y una prostitución de sí mismo.

El hombre de ciencia debiera ser libre y estar alejado de toda estructura. Cuando, en cambio, es rígido y esclavo, solo significa que la ciencia no es resultado de sí mismo, sino que, por el contrario, él se ha convertido en resultado y efecto de la ciencia.

DE LA CERTEZA

Hay quienes piensan que su certeza en cuanto a la explicación y conocimiento de un fenómeno es más profunda, clara y madura que la certeza de otro.

Esta idea da lugar a la aparición de manifestaciones impositivas referentes a la realidad. En otras palabras, la persona que piensa que su certeza es la única válida siente el derecho de obligar a otro a aceptarla sin pensar que quizás el otro tiene diferente realidad y experiencia interna.

Si bien es cierto que el conocimiento no son los datos que se manejan, sino más bien la certeza vivencial, también es verdad que esta última puede no ser compartible. La razón de ello no radica en el hecho de que la certeza sea relativista, sino solamente en la existencia de diferentes certezas. Todos llegamos al mismo conocimiento interno porque este no es relativo en cuanto a su verdad, pero existen diferentes gradientes y ritmos para alcanzarlo.

Alguna gente va muy lenta; otra camina con mayor rapidez. Transmitir una certeza de un nivel adelantado a otro retrasado no tiene ningún sentido ni posibilidad. Hacerlo a pesar de lo anterior tiene tres consecuencias: la confusión, la hostilidad y el malentendido. Es necesario esperar a que el otro alcance el mismo nivel que uno, pues en ese momento la certeza será de ambos.

Cuando alguien trata de imponer la aceptación de certezas demuestra que no ha comprendido ni se ha dado cuenta de que existen distintos gradientes y diferentes velocidades para llegar y, además, que su certeza es falsa. Cuando alguien se siente molesto en un desacuerdo, demuestra que ha olvidado que este surge por una diferencia de niveles y no por la existencia de distintas verdades.

La verdad es única; pensar lo contrario es dar demasiada importancia a la aparente existencia de diferencias entre entidades. Cada ser humano está rodeado de multitud de estructuras formadas durante el proceso de socialización. Las diferencias dependen del número de estructuras existentes y de la cantidad que de ellas ya se haya logrado desechar, nunca de la existencia de una diferencia básica.

DE LAS DUDAS

Es absolutamente imposible dudar de sí mismo cuando se es uno mismo. Solamente se duda, cuando se es efecto de consideraciones ajenas.

Cuando el conocimiento que alguien transmite es absorbido en forma automática y así se maneja, el receptor de tal conocimiento puede caer con la mayor facilidad en dudas respecto a su valía, confiabilidad o certeza. Cuando, en cambio, el conocimiento proviene de uno mismo y es resultado de una vivencia interna, nunca se duda acerca de su realidad.

Sin embargo, no es suficiente la vivencia interna para dejar de dudar. Es indispensable que esta no se autoinvalide. La autoinvalidación es la introyección de las dudas de los otros; es la aceptación de estas como reales y el olvido de su procedencia.

Si al menos pudiéramos recordar que las dudas manifestadas por el otro son también resultado de la introyección que ese otro ha hecho de las dudas de otro-otro y este a su vez de las de otro-otro-otro, y este de las de otro-otro-otro-otro, etcétera, jamás dudaríamos.

DEL CONOCER

Algunas personas piensan que el conocimiento teórico se diferencia del conocimiento obtenido a través del manejo físico de un objeto. En verdad, puede haber una diferencia entre los dos o puede no haberla. La diferencia no está en el conocimiento en sí, sino en quien lo conoce. Es posible que a través del manejo directo de un objeto físico sea posible obtener una mejor comprensión acerca de sus características. Pero también es posible que ese manejo no enseñe absolutamente nada y, en cambio, la abstracción acerca del mismo objeto sí.

Cuando quien aprende lo hace basándose en las consideraciones y opiniones de quienes lo rodean y no en las propias, el conocimiento real deja de ser posible. En cambio, cuando el que aprende decide este aprendizaje, el conocimiento comienza a adquirir realidad.

En este último caso la aproximación puede ser teórica, experimental o de cualquier otro tipo, y no por ello se aprenderá más o menos o habrá alguna diferencia. Todo depende de la aproximación y el motivo del aprendiz, y no de aquello que se aprende.

DE LOS NIVELES

Un mismo evento —sobre todo cuando se relaciona con experiencias internas— puede ser explicado en muchos niveles. Por ejemplo, la sensación de angustia. Alguien podría decir que su angustia se debe a que se siente juzgado por todo el mundo. Aunque esto pueda ser cierto, es solo un nivel muy superficial de explicación, puesto que la sensación de juicio solo proviene de considerar que lo que se hace o se siente es inadecuado o malo. Pero esto a su vez representa solo un segundo nivel de explicación, porque sentir que lo que se hace es inadecuado o malo resulta, a su vez, de sentirse inseguro.

Más aún, el sentirse inseguro deriva de la idea según la cual los propios sentimientos no tienen valor. Esta invalidación, a su vez, resulta de considerar que la realidad interna es menos importante que la externa.

Esto, a su vez, depende del establecimiento, en el pasado, de un acuerdo, y de la estructura que surge de él.

Así, la angustia surge del miedo a desechar la estructura y el acuerdo. Este miedo se debe a la idea de que desechar la estructura llevará a una situación de vacío interno. La perspectiva de vacío interno proviene a su vez de la idea de que el interior no existe.

Si hiciéramos el mismo tipo de análisis en muchos de nuestros estados internos negativos, como los relacionados con las sensaciones de miedo, dependencia, pérdida de control, frustración, etcétera, nos percataríamos de que todos ellos se basan, a fin de cuentas, en la idea de que lo interno no existe o no tiene importancia.

Puesto que la sensación de inexistencia surge de toda una historia, se podría afirmar que todo estado interno negativo contiene, en sí mismo, la historia total de una persona. Es quizá por ello que desechar toda la historia personal tenga como consecuencia la desaparición de toda experiencia desagradable.

DEL SENTIR Y DE LA DEPENDENCIA

Existen dos clases de personas: las que sienten y las que juegan a sentir. Aquellas que sienten son capaces de entregarse sin pensar que hacerlo pueda implicar alguna situación de dependencia. En cambio, las que juegan a sentir no pueden entregarse a nada, puesto que eso les hace pensar en la dependencia y la falta de libertad. Para comprender el absurdo, basta analizar por un momento el hecho de que la gente que siente ha aprendido a ser libre e independiente para sentirlo, y en cambio la que juega solo depende de la estructura de juego. Al que siente no le da miedo depender porque es libre; en cambio, el que juega se aterra con la perspectiva de dependencia, puesto que de hecho depende de sus juegos.

Quienes son capaces de entregarse han aprendido que hacerlo no significa perder parte de sí mismos, sino que, por el contrario, implica acercarse a su esencia. Quienes no son capaces de hacerlo son aquellos que han aprendido a preocuparse por permanecer intactos, como si fueran un rompecabezas envuelto para regalo que al perder una de sus piezas deja de funcionar.

No somos un conjunto de piezas ni tampoco estamos envueltos en papel de China. Somos entidades únicas y unitarias que no se oxidan ni pierden piezas al entregarse.

Entregarse significa considerar como lo más importante el acto de amar sin horarios, restricciones o estructuras. Es considerarlo un acto de creación que no puede ser sustituido ni comparado con ningún otro.

DE LA COMUNICACIÓN

Cómo lograr que alguien entienda lo que es el amor, la angustia, el miedo o el éxtasis si nunca los ha experimentado... ¡resulta imposible! Esto significa que no se puede transmitir una experiencia interna a alguien que no la haya vivido. Lograr una transmisión de experiencias internas no es más que reconfirmar o reconstruir las mismas en quien las recibe.

La comunicación entre dos personas depende del grado de reconstrucciones posible. La comunicación es total cuando la coincidencia de experiencias internas es máxima.

La comunicación es nula cuando las experiencias de uno no coinciden con las del otro. La comunicación se acaba cuando de alguna manera lo que deja entrever una de las dos personas que se comunican no es entendido por la otra. En otras palabras, cuando la capacidad de tener una cognición se bloquea o no existe.

DE LA CERTEZA Y DE LOS CAMBIOS

Solo es posible alcanzar un cambio real cuando se es capaz de lograr un estado de certeza. El conocimiento de uno mismo es un juego cuando se basa en datos. Solamente en el momento en que aparece la certeza, el conocimiento de uno mismo se vuelve real.

Los datos se pueden transmitir. La certeza no se puede transmitir como tal. Esto se explica por el hecho de que la única certeza posible es la que resulta de una experiencia interna y esta no tiene posibilidades de transferirse en forma directa de una persona a otra.

Existe una dicotomía entre los datos y la certeza. Cuando alguien no está seguro (no tiene certeza) necesita los datos. De ahí resulta que cuando alguien tiene certeza, deja de necesitarlos.

Todo tipo de terapias psicológicas debería tender a lograr certeza y no datos en el paciente. De hecho, todas ellas tratan de transmitir experiencias internas y por tanto certezas. Pero como no es posible lograrlo en forma directa, lo que hacen es intentar crear las condiciones en que esas certezas aparecen. El terapeuta debe estar alejado de toda teoría con el objeto de lograr las condiciones en que se comunican certezas.

Cuando el terapeuta se basa en una teoría y no en su propia certeza, demuestra que esta última no existe en sí misma y por lo tanto no habrá forma en que pueda lograrla en el paciente. Esto es porque, si alguien no conoce algo, no lo puede provocar en otro.

La necesidad de ajustarse a una teoría es la necesidad del conocimiento de datos y tener tal necesidad solo significa que no se ha alcanzado el nivel de certeza.

De todo lo anterior surge la certeza de que el conocimiento real está formado por certezas y no por datos. De la misma forma, el cambio real en una persona solo resulta de otro cambio en su realidad interna. Este cambio se puede lograr solamente cuando se alcanza el nivel de certeza.

DE LAS INTERACCIONES

El surgimiento de nuevos conocimientos es resultado directo de la capacidad de establecer interacciones.

Cuando alguien estudia un evento particular y no es capaz de encontrar las interacciones y relaciones de este con otros, su grado de conocimiento es superficial y redundante. Solo en el momento en que el conocimiento de un evento forma parte de un mosaico de interacciones, es cuando el evento se conoce.

La capacidad de establecer y entender un cuerpo de interacciones es lo que comúnmente se denomina capacidad integrativa. La persona capaz de integrar información dispersa es la que la comprende verdaderamente.

En el momento en que se logra una integración de información, surgen nuevos conocimientos, puesto que de la integración resulta la aparición de nuevas leyes de interacción. No es posible vislumbrar estas por el conocimiento de un evento aislado, puesto que no están incluidas en dicho conocimiento.

Es solo al relacionar cuando surgen las leyes de las relaciones. Como estas no estaban antes, su aparición es también la de un nuevo conocimiento.

DE LAS INTERACCIONES

DE LA EXPECTANCIA

La expectancia de una existencia tiene como única existencia a la misma expectancia.

DEL ENSEÑAR Y DEL APRENDER

Cuando dos personas establecen una relación, y una de ellas siente que puede enseñar algo a la otra, jamás lo logra si al intentarlo se ve a sí misma haciéndolo.

Se enseña solamente cuando deja de importar el enseñar. Cuando se es uno mismo, sin límites, sin censura, sin autocomplacencia. El que aprende, lo hace de lo que ve. Si observa que alguien tiene como motivo enseñarle, aprenderá a reconocer ese motivo y a actuar en correspondencia y consonancia con él... nada más.

Si en cambio observa a alguien siendo, sin motivos ni planes, aprenderá todo lo que existe por detrás de los planes y de los motivos, es decir, aprenderá del ser. Su aprendizaje vendrá a él y le enseñará; él no irá al aprendizaje ni a la enseñanza.

Puesto que alguien que es lo es todo, eso es lo que se enseñará y eso es lo que se aprenderá. Conocer a una persona que no trata de enseñar es la experiencia más maravillosa que existe... es cuando realmente se aprende.

DE LA SERENIDAD

Conozco a alguien que solo vive en un mundo. Cualquier cosa que pasa en ese mundo lo afecta y le hace dudar de sí mismo. Si alguien de ese mundo tiene un problema, todo se convierte en problemas, aun él mismo. Si ocurre un accidente, todo se convierte en accidente, incluso él mismo. Si alguien tiene un dolor, todo se convierte en dolor, aun él mismo.

Deseo que salga de ese mundo y que conozca muchos otros, solo así dejará de convertirse en problema, accidente o dolor. Solo así sabrá que existen más realidades, solo así dejará de temer.

Esa persona está encerrada. Su encierro es por estarlo. Dejará de ser prisionera cuando salga de ese mundo. En su encierro solo conoce las cuatro paredes de su prisión. Él mismo es las cuatro paredes. Cuando conozca otros mundos, las barreras caerán. Comprenderá que pueden desaparecer a voluntad. Sabrá que él es mucho más valioso que cualquier límite.

En ese momento empezará a entender y, cuando lo logre, alcanzará la serenidad. Sabrá que verse afectado por un problema de un mundo resulta de no conocer otros.

Dejará de pensar que conoce todo lo que existe. Dejará de sentirse tan importante y eso lo hará libre.

DE LOS UMBRALES

Existen personas que tienen una gran dificultad para sentir emociones, vivir vivencias, aprender de sí mismas o entregarse. Hay otras que tienen una gran capacidad de querer sin censuras o inhibiciones, de entregarse o de sentir.

Decimos de las primeras que su umbral de reacción es muy alto, de las segundas que es relativamente bajo. La gente con umbral alto ejerce continuos controles sobre sí misma; la de umbral bajo no requiere controles, simplemente confía en sí misma. La magnitud de los controles y de los umbrales está dada y depende del grado de socialización.

Si se ha aprendido a ajustarse y a adaptarse, es decir, si el grado de socialización es alto, también lo serán la inhibición y el control y, por tanto, el umbral de reacción. Si, en cambio, el grado de ajuste es bajo, el umbral también lo será. Esto quiere decir que la gente incapaz de sentir es aquella que le da la máxima importancia al control, y que la sensible, en cambio, lo considera innecesario y absurdo. La conexión entre el grado de socialización y el umbral de reacción es clara de comprender si se es capaz de entender el significado y las características de la socialización.

Cuando hablamos de ella, nos referimos al proceso por medio del cual un sujeto es enseñado a adaptarse y ajustarse a los deseos y necesidades de la gente que lo rodea. El ajuste tiene como consecuencia directa la introyección de los otros, y esto a su vez arma, dentro de uno mismo, un sistema de autocensura y autojuicio. La autocensura y el autojuicio son un bloqueo que inhibe todo lo que toca. Es esta inhibición lo que altera los umbrales. La alteración va siempre en el sentido de aumentarlos y, así, disminuye la sensibilidad.

DEL VIVIR Y DEL ENTENDER

Todo el principio de nuestra historia es vivencia pura. El niño vive sin preguntarse ni analizar las consecuencias o causas de sus experiencias. Si se le pregunta por qué vive, responde que vive por la vida. Solo cuando crece empieza a analizar. Si el análisis es puro y sin prejuicios, puede llegar a entender lo que antes vivió.

El adulto que ha crecido siendo sufre un proceso similar, es decir, primero vive y después entiende su vivencia; lo cual significa que el entender no tiene límites, puesto que el número de vivencias tampoco lo tiene.

Si, en cambio, el adulto ha crecido como espectador de sí mismo, tenderá a tratar de entender antes de vivir. Si es así, tanto sus vivencias como sus aprendizajes tendrán un límite.

DE LAS PROPIEDADES EMERGENTES

La experiencia interna es siempre una propiedad emergente. Esto es porque un dolor, una emoción, la imagen de una flor o aun la visión perceptual de esta no están contenidos ni son explicables *per se* en la actividad de un conjunto de neuronas. Cuando ocurre un dolor, hay una actividad neuronal concomitante a la sensación. Sin embargo, la actividad de las neuronas no contiene el dolor en sí misma.

De la misma forma, la presentación física de un objeto iluminado trae como consecuencia la aparición de una imagen de este. La imagen surge como resultado de la activación de una población neuronal; específicamente de las células que integran el sistema visual. Sin embargo, la imagen tampoco está contenida en la activación de las neuronas.

Entre la activación neuronal y la vivencia interna existe un eslabón perdido. La única forma de entender ese eslabón es suponer que la activación de un conjunto o conglomerado de elementos trae como consecuencia la aparición de una propiedad que no existe y no es predecible con base en la activación unitaria de aquellos. La propiedad emergente es resultado de las interacciones de los elementos.

Esto implica un proceso gestáltico, en el cual las leyes del conglomerado surgen como resultado de una organización.

Puesto que las interacciones no tienen ni masa ni peso ni constitución atómica o molecular, lo que resulta de ellas posee esas características. Para decirlo en otras palabras: la imagen interna de un objeto, la sensación de dolor o la emoción no son físicas, lo cual no significa que no se puedan encontrar correlaciones con cambios físicos; simplemente implica que por sí mismas no lo son.

Muchas veces se confunde la existencia de una correlación con la esencia de un fenómeno. Cuando vivimos una imagen visual, es posible registrar durante su ocurrencia cambios electroencefalográficos o de otra naturaleza. El cambio electroencefalográfico es físico, pero no es la imagen, solo se correlaciona con ella. La imagen en sí misma no tiene ningún carácter físico. Es en sí diferente de las correlaciones que puedan encontrarse con otros fenómenos.

Todo lo anterior indica que la vivencia interna es una propiedad que emerge como resultado de las interacciones entre los elementos que forman parte de una organización compleja. Esta propiedad emergente, por ser resultado nuevo, de una organización de interacciones, no posee carácter físico a pesar de que surge de un conjunto de elementos físicos.

El problema de la interacción es tan real como los elementos de los cuales surge; sin embargo, el resultado de esta interacción es siempre algo distinto de los elementos o unidades interactuantes. Posiblemente todas nuestras vivencias internas sean ese producto nuevo que resulta de una interacción o, más aún, la interacción misma.

La misma situación ocurre en una relación entre dos personas. La relación, cuando no está basada en estructura o acuerdo, es un acto de creación, y de ella resulta algo que no está contenido por sí mismo en cada uno de los participantes. El máximo grado de relación ocurre cuando, como resultado de la interacción, se crea amor.

La frase de Gorostiza: "con él, conmigo... con nosotros tres", representa la visión poética de lo anterior.

DEL TIEMPO

Creemos que vivimos el tiempo simplemente porque vemos el movimiento. El movimiento que observamos lo percibimos cual continuo y en un sentido. Es la ilusión de continuidad lo que nos engaña.

Nuestros sistemas sensoriales tienen por característica llenar espacios discontinuos. El movimiento de un objeto está siempre formado por pasos cuánticos, cada uno de los cuales es, en sí, independiente del que le sigue y del que le antecede.

Si nuestro equipo perceptual estuviese construido en forma tal que nos permitiera ver los pasos cuánticos, no tendríamos necesidad de acudir al concepto de tiempo. Nos daríamos cuenta de que cada instante cuántico es único e independiente y que su existencia es solo cuando es y, por tanto, atemporal.

En el caso de nuestros movimientos musculares, la situación es aún más obvia. El movimiento de una mano o de un brazo es solo una apariencia de continuidad. En realidad está formado por una suma de contracciones musculares elementales cada una de las cuales es a su vez regulada por impulsos discretos. De la misma forma, nuestras sensaciones son cuánticas; cada instante es único y solo existe mientras se le vive.

La idea de pasado o futuro también existe mientras se le está viviendo. Si recuerdo lo que hice sin estarlo haciendo, el recuerdo solo existe en este momento. Si pienso en lo que sucederá, el pensamiento ocurre ahora y esa es su única existencia.

El tiempo, por tanto, es solo una estructura más, no existe en sí mismo sino solo como apariencia asociada a la ilusión de movimiento.

DEL ESPERAR

Las personas que buscan desesperadamente son las que con mayor facilidad pueden caer en situaciones de dependencia. Basta con que encuentren a alguien que ha hallado el camino para que deseen aprender lo que tenga para enseñarles.

Piensan que esa enseñanza es tan valiosa que nada la puede igualar. Son capaces de darlo todo y en ningún momento dudan en entregarse. Y todo para encontrar lo que con tanta intensidad buscan. Empiezan a esperar que aquel que sabe les enseñe, y desean que la sensación casi sagrada que experimentan sea mutua.

Si alguno de los dos ha entendido que toda espera es absurda, puesto que los caminos son únicos e individuales, tratará de mostrárselo al otro. Si el otro es lo suficientemente inteligente, comprenderá al instante. Si no lo es, caerá en la desesperación hasta que entienda que la solución solo se encuentra en sí mismo.

DEL CAMINO

Estamos seguros de que existen caminos que al ser recorridos nos llevarán al ser. Pensamos así porque es lo que nos han enseñado, nunca por descubrimiento propio.

Damos tumbos y zigzagueamos, recorremos una vereda y damos vueltas y rodeos, siempre esperando encontrarlo. Es lo más trabajoso y difícil, puesto que no sabemos qué es lo que hallaremos. En ocasiones pensamos que nos encontramos cerca y a veces casi lo tocamos.

Es solo cuando descubrimos que el camino no existe, que es una fantasía, cuando dejamos de buscar y empezamos a ser. En ese momento comenzamos a aprender.

DEL DEJAR SALIR

Cuando se actúa pensando en cómo se debiera actuar, y el hacer está determinado por una estructura, sucede que todo se convierte en la estructura y en el "debiera ser".

Cuando la estructura es entender y se empieza a tratar de saber las cosas antes de vivirlas, todo lo que se vive es la estructura de saber y entender. La única forma de aprender de uno mismo es, primero, vivir y, más tarde, entender la vivencia. Es tan obvio como el pensamiento de que antes de entender algo es necesario que nazca. Si ese algo no ha nacido y por tanto no existe, no hay forma de entenderlo. Querer entender algo que no ha nacido es solo entender el entender.

Cuando alguien vive sin pensar en cómo lo hace, deja salir lo que hay dentro del sí. Es solo cuando ocurre este dejar salir que lo que se es aparece. Es en esos momentos que la forma como se actúa, lo que se dice y lo que provoca gracia o enojo, enseña libre y realmente lo que existe en el interior.

Si alguien desea conocerse, es necesario que primero aprenda a dejar salir, sin restricciones, lo que tiene dentro.

Sin restricciones quiere decir que no trate de entenderlo en el momento en que lo vive. Cuando después de haber vivido se analiza la vivencia, se entiende. Si en cambio se trata de entender una vivencia que no se ha tenido, solo se hace una falsedad. Para poder entender una vivencia que se ha tenido no basta con desear hacerlo; se requiere que el análisis sea libre y sin prejuicios, o sea, sin ninguna estructura o patrón lógico preestablecido. La razón de esto último es porque el entender también es una vivencia.

DE LA LIBERTAD

Estamos acostumbrados a oír que la libertad es el ideal, que solo alcanzándola se consigue ser feliz. Casi siempre la libertad a que se hace referencia se relaciona con romper una restricción o un impedimento físico. Alcanzar el estado de libertad, en esos términos, implica un estado de movimiento no inhibido. La verdad de las cosas es que el verdadero estado de libertad es, más que nada, interno. La libertad, como ausencia de restricción o inhibición externa o física, es un concepto muy primitivo. El sentido profundo de la idea de libertad, implica una vivencia de sustracción y el rechazo de toda autoridad.

Ser libre significa confiar en que lo que se siente, se piensa o se actúa tiene el máximo valor. Implica la consideración de que nada que no sea uno mismo puede definir lo correcto o lo incorrecto, lo deseable o lo detestable, lo bueno o lo malo. Cuando se alcanza este estado, no se acepta someterse o ejercer autoridad alguna, puesto que se reconoce la falta de sentido y la falsedad de dicha autoridad. Ser libre implica poder actuar y sentir sin restricciones, sin estructuras decididoras, sin sometimientos o ideales, metas o consideraciones morales o religiosas.

El objeto de ser libre es poder aprender de lo que nos rodea y de nosotros mismos. Solamente la persona libre llega a conocerse, puesto que deja salir su verdadera esencia y su real yo. Al hacerlo puede entender su realidad porque la deja nacer y le permite manifestarse. La falta de libertad interna tiene como consecuencia la imposibilidad de aprender.

DEL SUEÑO

Al principio del desarrollo ontogenético, el ser humano pasa la mayor parte del tiempo en sueño. Las características del sueño en un recién nacido son idénticas a las que se encuentran en un sujeto adulto, por lo menos en lo que se refiere a la actividad conductual electroencefalográfica y electromiográfica. No se trata del sueño silente conocido como lento, sino del otro, el que se acompaña, en el adulto, de imágenes y vivencias internas.

No sabemos si durante su sueño el neonato tiene imágenes y experiencias internas como las del adulto; todo lo que conocemos es que la actividad que podemos detectar sí es idéntica.

A medida que crece, el hombre empieza a pasar parte del tiempo en el estado de vigilia, disminuyéndose, en forma concomitante, el tiempo de sueño con imágenes. Parecería por ello que la vigilia surgiera del sueño y fuera un caso particular de él. Quizás por esta razón los sueños que soñamos nunca pierden su conexión con su subproducto, es decir, con la vigilia. Quizá la relación entre ambos estados no sea aleatoria, sino de complemento y necesidad.

Nos desarrollamos en una sociedad que exige y refuerza el control y la inhibición. Nuestros procesos de pensamiento durante la vigilia siempre están subordinados a la estructura que confiere la máxima importancia al resguardo de situaciones estables y de seguridad, y que le teme a cualquier situación de libertad interna y externa. Nos enseñan a interactuar con la gente que nos rodea a través de la aceptación e internalización de reglas de interacción que fueron inventadas para evitar fricciones. Más aún, el entrenamiento a que somos sometidos implica la consideración de que lo importante es no manifestar aquello que pensamos o sentimos cuando estas sensaciones o pensamientos se oponen a las reglas y acuerdos de socialización. Puesto que los seguimos experimentando a pesar de no manifestarlos, se nos crea una situación de conflicto y contradicción entre dos esferas vivenciales, la externa y la interna.

Los sueños podrían tener como función la de disminuir el conflicto a través de la desinhibición del control. Durante el sueño somos libres, es la libertad que nos han enseñado a descartar en la vigilia. En el sueño nos conocemos, porque durante su ocurrencia aparece lo que realmente somos.

DE LOS OPUESTOS Y LAS VIVENCIAS

Según Lao-Tse: "Todo el mundo toma lo bello por lo bello, y por eso conocen qué es lo feo; todo el mundo toma el bien por el bien, y por eso conocen qué es el mal…".

No puede ser en forma diferente; solamente cuando se ha vivido una realidad se puede saber. Si yo he conocido el amor, puedo saber cuándo ha desaparecido y se ha convertido en odio. Si he vivido la bondad, puedo saber cuándo deja de existir y aparece la maldad. Si en cambio no he vivido una emoción, seré incapaz de detectar su presencia, su ausencia o su opuesto, tanto en mí mismo como en el otro.

El conocimiento es certeza y esta solo aparece cuando algo se ha vivenciado. Si dudo, quiere decir que no sé. Si soy capaz de ver lo que existe y de saber cuándo ha dejado de existir, quiere decir que lo conozco porque lo he experimentado. Si planteo interrogantes y me pongo en duda, significa que no he vivido lo suficiente.

DEL ENTENDER Y DEL CAMBIAR

Así como solo existe un solo tipo de conocimiento, el que se basa en certezas y no en datos, de la misma forma solo existe un modo de entender: el que nos hace cambiar. Cuando alguien nos cuenta lo que ha aprendido y nosotros simplemente lo oímos, y aunque nos parece lógico e intelectualmente razonable no nos hace cambiar, quiere decir que... ¡no lo hemos entendido!

¿Cuál es el sentido de oír y de ver si lo que vemos y oímos se queda en ver y oír?

¿Qué sentido tiene encontrar la lógica de un razonamiento si lo único que se logra es encontrar la lógica?

¿Cuál es el sentido de conocer datos si estos no se convierten en vivencias?

Podemos decirle a alguien que no debiera temer. Si a pesar de que está de acuerdo con nosotros sigue temiendo, lo único que habremos logrado al hablar será mover las moléculas del aire. ¿Quiere decir esto que la palabra es solo palabra y no puede convertirse en acción y en cambio? Hay quienes opinan que así es.

Yo, por mi parte, pienso que la palabra es una herramienta y que su capacidad de provocar un cambio real no depende de ella en sí, sino de quien la reciba. Alguien puede cambiar al oír, otro solo puede hacerlo al caerse de un avión; pero cambiar no depende de oír o de caerse, sino de la sensibilidad de quien oye o de quien se cae.

DEL SABER QUE SE SABE

Existe un grado de conocimiento superior a cualquier otro. Es la sabiduría del propio saber, es el saber que se sabe. Cuando alguien logra llegar a él alcanza el nivel de certeza, deja de dudar y empieza a ser libre.

Ese grado de conocimiento no se aplica ni refiere a eventos concretos; más bien está en relación con aspectos generales. Es la certeza de que la esencia existe en todos como igual. O es el conocimiento de que en cada uno el mundo es construido. O es la confianza en la existencia de experiencias internas. O es la seguridad de que muchas conductas todavía dependen de la historia personal.

Saber que se sabe no es un grado de claridad que impida el conocimiento, sino, más bien, un estado de apertura y desinhibición que lo facilita. Es, simplemente, un nivel de autorrespeto y autoconfianza.

DE LA AUTORIDAD

Ayer tuve un sueño:

Era un cuarto de una casa. Todo estaba ocupado por sillas y de la pared colgaba el cuadro más bello que he visto. Era un óleo gigantesco en el que se hallaban pintados seis hombres. Cada uno tenía diferente expresión, pero en todos se reflejaba profundidad y serenidad.

Entraba gente al cuarto, cada uno se paraba frente al cuadro, se arrodillaba y besaba el suelo. Después se dirigía al lugar en donde estaban las sillas y se sentaba en una de ellas. La misma escena se repitió hasta que todas las sillas estuvieron ocupadas. Todos observábamos el cuadro.

El óleo empezó a vivir, las figuras pintadas se movían y la que ocupaba el centro comenzó a hablar. Lo que decía no lo recuerdo, pero era sensato, razonable y profundo. Todos estábamos asombrados, pensábamos que la organización a que pertenecían la casa, el cuadro y las sillas era poderosa y sabia, pues lograba darle vida a un óleo.

Me paré de mi silla y me acerqué al cuadro. A un lado del marco había una puerta; la abrí y me introduje al interior de un pequeño cuarto donde había un proyector de cine apuntalado hacia la parte posterior de la pintura. Comprendí que todo era una farsa. Entre el proyector y la pintura había una especie de filtro óptico. Lo tomé y lo quité de su lugar. Después salí al cuarto de las sillas y miré el cuadro... las figuras seguían moviéndose y hablando, pero la luminosidad era tal que se había perdido la ilusión de realidad.

Los miembros de la organización me empezaron a gritar, las personas en las sillas también. Me decían que pusiera el filtro en su lugar o de otra forma sufriría las consecuencias. Todos se veían muy descontentos e infelices. Tomé el filtro y volví a ponerlo en su lugar. Las figuras del cuadro volvieron a parecer reales. Volteé a ver a la gente de las sillas, estaban felices; vi a la gente de la organización, estaban satisfechos.

DE LOS EVENTOS EXTERNOS

En los objetos y eventos que nos rodean está contenida toda la información, pero en nosotros está el conocimiento. Una gota de agua, una flor o una montaña son casi infinitos en su posibilidad de darnos información. Que aprendamos de ellos depende de nuestra capacidad de verlos sin limitaciones, prejuicios o ideas preconcebidas.

Un río nos puede enseñar —como a Siddhartha— que todo permanece pero al mismo tiempo cambia, que todo vuelve a su lugar de origen o que todo está contenido en sí mismo. Que podamos aprender del río no está en el mismo río, solo está en nosotros mismos.

Si fuéramos capaces de entenderlo a la perfección, cada minuto de nuestra vida sería la plenitud absoluta, la felicidad total, es decir, la libertad.

DE LA BIBLIA

Según la Biblia, el hombre perdió el paraíso en el instante en que obtuvo conocimiento. Esta idea, aunque aparentemente absurda, tiene una gran profundidad.

La infancia, en el hombre, es un paraíso en el sentido más feliz del término. El infante aprende y conoce el mundo sin pensar que él mismo está aprendiendo de él o conociéndolo. Lo que hace y siente es en sí mismo, sin autocensuras, autoinhibiciones o autovaloraciones. En otras palabras, no existe en esa etapa una diferencia entre lo observado y el observador, por no haber "autoespectación".

El niño es uno con el mundo que lo rodea, puesto que no se ha desarrollado en él un mecanismo que permita la aparición de la dualidad Yo interno vs. Yo externo. En el adulto, por el contrario, el fenómeno de ser espectador de sí mismo se ha desarrollado hasta un grado tal que rara vez deja de funcionar. El adulto dice tener conocimiento del mundo al sentirse capaz de valorarlo, cuando en realidad lo único que ha desarrollado es el nefasto hábito de observarse y ajustarse a estructuras lógico-intelectuales.

En esa situación, lo único que logra es la separación entre él mismo y el mundo que lo rodea, es decir, la pérdida de la inocencia y de la capacidad de crear y vivir libremente.

Si el tipo de conocimiento a que hace referencia la Biblia es el relacionado con el verse conociendo, entonces la Biblia tiene razón: se ha perdido el paraíso.

DE LAS DROGAS

La gran tendencia al uso de drogas, en nuestro tiempo, tiene una razón de ser. Nuestra cultura mecanizada, homogeneizada, estandarizada, tecnificada y objetivizada enseña a sus miembros a considerar lo pragmático y lo comunicable como el máximo valor. Pone énfasis en que el hombre requiere estructura y acuerdo para ser feliz y se olvida de que la única felicidad es el desarrollo, el respeto y la confianza en la realidad interna.

El hombre de nuestra época es un espectador de sí mismo. Esa autoespectación la hace de acuerdo con cómo lo exterior —la gente— lo percibe y valora. Nuestras civilizaciones y cultura nos enseñan a desconfiar de nuestros procesos internos, al considerarlos subjetivos y faltos de valor, y a confiar en el acuerdo y la observación externa estructurada como la única digna. Las enseñanzas que nos hacen ser espectadores de nosotros mismos se basan en la idea de que la única realidad es la que se manifiesta y provoca acuerdo entre varios observadores.

Uno se ve a sí mismo haciendo cosas, sintiendo o pensando como si fuera uno de los observadores, lo cual impide el hacer, sentir o pensar.

No se trata de la sensación de salirse de sí mismo y reconocer en forma objetiva y clara las estructuras y prejuicios en que uno ha caído, no nos referimos a esto cuando hablamos de ser espectador de uno mismo. Es más bien a la situación académica de autovaloración condicionada por estructuras a lo que hacemos referencia. Es el sacrificio de la vivencia interna pura en aras de la lógica, la estructura y la valoración lo que se objeta. El hombre necesita vivir sin pensar ni valorar el vivir; requiere poder ver el mundo en forma pura, es decir, sin pensar en si lo está viendo y si esta visión se ajusta o no a la moral, la religión, el Estado o cualquier otra estructura.

Puesto que nuestra sociedad inhibe y censura la vivencia pura, y subsiste la gran necesidad de tenerla, se crea un conflicto que en un gran número de casos se intenta resolver a través del uso de drogas. El uso de drogas no está provocado, en el fondo, por el deseo de huir de la realidad; es más bien la necesidad de vivirla sin ser espectador de la vivencia de vivirla.

DE LA MUERTE

Según Krishnamurti, es necesario morir en vida para poder ser libre. Este pensamiento, aparentemente necrofílico, tiene una gran profundidad. Durante todo nuestro desarrollo, hemos sido bombardeados por miles de consideraciones impositivas. Nos han enseñado que existen cosas buenas y cosas malas, que la única forma de ser consiste en alcanzar puestos de poder, ya sea económicos, políticos o intelectuales. Hemos aprendido a temer y a odiar, a tener celos y a envidiar.

Nos han impuesto la idea de que el valor y la esencia que somos están dados por la forma como los otros nos perciben y evalúan. Nos han enseñado a ser inseguros y por tanto a deprimirnos, angustiarnos y no respetarnos; aprendemos que el amor implica posesión y uso, etcétera.

Toda esa serie de enseñanzas y aprendizajes constituye nuestra historia. La única forma de liberarnos de todas ellas consiste en dejar morir ese pasado. Solamente esa muerte en vida nos hará libres.

DEL LENGUAJE

Hablamos de un bosque como entidad única y reductible a una categoría, cuando en realidad es un conjunto infinito de diferentes unidades que en sí mismas son independientes unas de otras. Nos referimos a Fulanito como Juan, Pedro, Ignacio, Rodolfo, etcétera, como si fuera posible reducir su humanidad a un nombre y como si esta, al igual que el nombre, fuera estable, fija e inmutable. Parecería que comunicarnos requiere tal reduccionismo para ser posible.

Un experto en comunicación humana consideraría caótica su actividad si no utilizara categorías semánticas discretas, incluyentes de cientos de entidades. ¿Cómo —nos preguntaría— sería posible comunicarnos si careciéramos de denominaciones estables y reduccionistas?

Si para hablar de Zutano tuviéramos que dar todas sus características tal y como existen en el instante en que lo hacemos, caeríamos —nos diría— en el absurdo más monstruoso, puesto que tardaríamos años en transmitir cualquier idea.

A tal experto se le podría preguntar cuál es el sentido de la comunicación basada en categorías fijas y reduccionistas cuando de antemano sabemos que es irreal por parcializada y estática.

Es cierto que la comunicación no categorizada sería más lenta, pero quizás eso nos enseñaría a comunicar solo lo auténtico, es decir, aquello que no requiere del opuesto para ser comprensible.

Nuestro lenguaje está plagado de términos que reducen a una unidad lingüística lo que en realidad es irreductible. La costumbre de usarlos ya sería de suficiente gravedad tan solo por tener un efecto aberrante en nuestra comunicación. Pero su verdadero carácter terrorífico consiste en que altera y distorsiona nuestra percepción del mundo. Hace que sea percibido como constituido por conglomerados simples y estáticos y, por tanto, redundantes.

Cuando este carácter redundante se transfiere de los objetos que nos rodean a nuestras vivencias, la situación comienza a ser dramática. Empezamos a vernos como un conjunto de categorías que no solamente se identifican con un término, sino que, además, se consideran explicadas y conocidas por el simple hecho de verbalizar la unidad lingüística (nombre) que usamos para denominarlas.

Puesto que los nombres son unitarios y estables, también en eso se convierten las vivencias, sentimientos, emociones u objetos denominados por ellos. Así, podemos sentir nuestra depresión, nuestra angustia o nuestro amor como categorías cuánticas unitarias y estáticas, olvidándonos de que solo lo son en nuestro lenguaje y nunca en sí mismas.

Cuando le enseñamos a un niño a hablar no solamente le damos un medio de comunicación superficial, sino que, sobre todo, le transmitimos toda una filosofía vivencial en la que incluimos todas nuestras categorizaciones reduccionistas. El niño así enseñado se enfrenta al horrible dilema que consiste en sacrificar toda su riqueza perceptual, vivencial y fenomenológica por utilizar el lenguaje que le imponemos, o conservar esta aunque sea considerado un caso anormal y patológico por negarse a comunicar lo que en realidad es incomunicable.

Esto no significa que el lenguaje sea aberrante de suyo, más bien es el uso que se le da lo que otorga ese carácter. Si fuésemos capaces de separar verdaderamente la unidad lingüística de lo que trata de representar y si no redujésemos a categorías simples aquello que no es reducible, nuestro lenguaje tendría la cualidad real para la que fue inventado y desarrollado.

DE LA REALIDAD DE LOS SUEÑOS

En la misma forma que el color de un objeto no está contenido en la longitud de onda de la luz que refleja, sino más bien en la experiencia interna creada a partir de esta longitud, así todas las cualidades de los objetos físicos como lo son la textura, el olor, la forma, etcétera, resultan de la transformación vivencial que ocurre en nuestro interior y no en el objeto mismo. Lo cual quiere decir que la realidad del mundo, tal y como la percibimos, es producto de nuestra construcción interna y como tal no difiere de la construcción interna asociada a estados extravigiles como los que se dan durante los sueños.

La realidad de los sueños no difiere de la realidad vigil más que en un punto. Durante el sueño somos absolutamente causa; durante la vigilia podemos dejar de serlo. Cuando soñamos, creamos el universo en forma tan completa y real que no solo construimos lo que en vigilia, es decir, las cualidades de los objetos, sino que, además, construimos los objetos mismos. La construcción de la realidad es más completa en el sueño que durante la vigilia; esa es la única diferencia entre ambos estados. Es un hecho, todas las demás diferencias generalmente atribuidas a los dos estados resultan de estructuras, acuerdos e ideas preconcebidas.

Los profetas, visionarios y aquellos que dicen tener viajes astrales difieren de la gente "común" en el hecho de que respetan más a sus sueños y, por tanto, no los consideran irreales. No son gente extraña e inalcanzable, simplemente han comprendido que solo existe una realidad, la que es construida y resulta de nuestros procesos internos.

DEL AUTOCONOCIMIENTO POR LA OBSERVACIÓN

Fulanito es autocomplaciente, mas no se da cuenta.

Zutanito vive en su pasado, pero no lo sabe.

Perenganito solo se siente satisfecho si logra obtener aprobación de los otros, mas nunca ha reflexionado en ello.

Ninguno de los tres se conoce ni se comprende por la sencilla razón de que no son capaces de verse a sí mismos desde un punto de vista diferente del que siempre han usado. Más aún, consideran que otro punto de vista no puede existir, puesto que nunca han conocido ninguno distinto del que utilizan. Si alguna vez han tenido relación con alguien diferente de ellos, no se han dado cuenta de la diferencia porque han visto al otro desde el único punto de referencia que conocen y, por tanto, han incluido en su observación lo que coincide con ella y han desechado lo que no se correlaciona. Estas personas nunca han amado; probablemente han poseído y utilizado a los otros, pero seguramente no conocen lo que es el amor.

El amor es autoconocimiento. Una relación de amor es aquella en que los participantes se conocen a sí mismos a través del conocimiento que cada uno tiene del otro. Para que eso ocurra, el conocimiento debe basarse y surgir de la libre observación, es decir, de la ausencia de prejuicio y preconcepción. El amor no es intercambio de reforzamiento o placeres, tampoco es acuerdo ni compromiso, menos aún es satisfacción de necesidades; es, más bien, el autoconocimiento basado en la observación libre.

Si Fulanito, Zutanito y Perenganito amaran, sabrían que un punto de referencia no es más importante o valioso que otro, simplemente son diferentes. Si conocieran el amor, se conocerían a sí, puesto que reconocerían en sí mismos puntos de referencia, estructuras y acuerdos que no existen o que son diferentes en aquellos a quienes observan y aman.

DE LA REDUNDANCIA

El conocimiento redundante es aquel que vuelve sobre sí mismo en un círculo cuyo principio se conecta con su final. Cada uno de nosotros ha sido entrenado para percibir y sentir el mundo en una forma muy particular y específica. Nuestras relaciones con los otros generalmente se basan en esos marcos de referencia rígidos.

A su vez, los marcos de referencia se apoyan en aprendizajes previos que fijan las características de una relación humana o de cualquier otra actividad. Puesto que así todo está determinado de antemano, nada nuevo ocurre, y, si es que ocurre, se le descarta por no ajustarse a los marcos de referencia condicionados por nuestra historia.

Es necesario entenderlo bien; cuando la vivencia está basada en el pensamiento, nada que no sea ese pensamiento puede ocurrir. Si el pensamiento está basado en estructuras, solo las estructuras existirán. Todo lo que sucede será visto a través de la estructura y por tanto nada nuevo ocurrirá y todo será redundancia.

Si funcionamos de acuerdo con modelos teóricos, todo lo que hagamos será ajustarnos a esos modelos o ajustar cualquier contingencia externa para que se aproxime a lo que deseamos que sea. En esta circunstancia, son nuestro pasado y nuestra historia los que están presentes, y nunca lo que nos rodea. Somos una cárcel de modelos, pensamientos e ideas preconcebidas, y la cárcel es lo único que existe para nosotros.

Es solo en el momento en que dejamos de pensar en cómo debieran ser las cosas cuando se acaba la redundancia y empezamos a aprender.

DE LA IMAGINACIÓN Y DE LA MEMORIA

Todos los procesos imaginativos son resultado de la activación de nuestros almacenes mnémicos. Si alguien cierra los ojos y detecta la imagen de una montaña, quiere decir que se encontraba guardada en las células de su cerebro. En ocasiones, las imágenes así evocadas son asombrosamente completas y detalladas, tanto o más que las originadas durante un proceso perceptual. Esta extraordinaria capacidad, indica que nuestra memoria almacena la información tal y como penetra al cerebro a través de nuestros canales sensoriales.

El manejo que hacemos de tal información almacenada rara vez es tan completo como el que pudiera esperarse si se tuviera en cuenta la información contenida en las imágenes.

Si alguien nos pidiera una descripción verbal o simplemente un dibujo de cualesquiera de nuestras imágenes internas, sería excepcional que contuvieran la misma —o por lo menos aproximada— información que la imagen.

Debe existir algún proceso que transforma la información de la memoria y da lugar a diferentes evocaciones.

En el paso de almacén a evocación hay pérdida en el sentido de detalle, precisión y carácter total de la información.

Puedo evocar la imagen de una bicicleta, teniendo esta todo el detalle y contenido de una bicicleta real. En la imagen está el número exacto de eslabones que forman la cadena de acero, el número y la longitud de los rayos de las ruedas, etcétera.

Esto significa que toda esa información está almacenada en mí. Sin embargo, si alguien me preguntara acerca del número de eslabones o de rayos, no le podría contestar.

Eso significa que la evocación verbal no es una copia directa de la información almacenada, sino una transformación incompleta de esta.

Probablemente la razón de lo anterior es que la evocación verbal trabaja en términos de categorías reduccionistas; en cambio la información almacenada no se halla categorizada en sí misma, sino que se encuentra tal y como se le percibe, es decir, con todos los elementos que forman cualquier objeto. La categorización viene después, como manejo de la información que en sí misma no pertenece a ninguna categoría.

Si la categorización de la información estuviese contenida en el almacenamiento original, no habría ninguna posibilidad de rearreglo o manejo creativo posterior, diferente del de la categorización primaria.

Puesto que la información almacenada puede ser recategorizada en cuantas ocasiones se quiera, el almacén original no está categorizado.

La diferencia entre la evocación de una imagen visual y su verbalización, además de hacerse en términos de categorías, se determina de acuerdo con la libertad del proceso.

La verbalización está sometida a reglas estrictas, la imagen no; las reglas son las responsables de la pérdida de información en la verbalización; la falta de ellas es la causa del extraordinario contenido informativo de una imagen.

DE LAS DECISIONES

Puesto que la experiencia de lo que ocurre en mi cuerpo se construye en mi cerebro, este puede cambiar esa construcción. Si la experiencia es de dolor, por ejemplo, en una pierna, el dolor no se encuentra localizado en la pierna, sino más bien en el interior del cerebro. Es allí donde el dolor es construido. Las señales que originan esa construcción pueden muy bien provenir de la pierna, pero la vivencia es siempre resultado de la activación central.

Si bien el cerebro puede construir el dolor, también es capaz de modificarlo o anularlo. Que lo haga o no depende de que así lo decida. Para que el cambio ocurra, la decisión debe ser absoluta, es decir, sin dudas. El mismo cerebro debe estar seguro de que él es el constructor para poder ser también el modificador.

DEL TIEMPO
Y DEL PENSAMIENTO

No es que el pensamiento no dure nada, lo que pasa es que el tiempo no existe. O, por lo menos, no existe como constante. Si fuese una constante física, el tiempo psicológico también lo sería, y en realidad no lo es.

Puedo sentir que han pasado dos días cuando mi reloj solo habrá marcado unos minutos, o, por el contrario, pueden pasar dos días y yo sentiré que solo han sido dos minutos.

¿A quién hacerle caso: al reloj mecánico o a mi certeza?

DE LA CREACIÓN Y DEL CONOCIMIENTO

La máxima satisfacción es la creación de una pintura, una sinfonía, una idea, una imagen, un sueño... Y lo es porque quien crea es realmente uno y esa actividad nuestra es la fuente de toda belleza.

Crear implica hacer algo de la nada; antes de existir, ni siquiera como imagen en el pintor, un cuadro no es nada; solo cuando esa imagen aparece o cuando se transforma en un óleo es cuando nace. Este acto de creación no tiene parangón con ningún otro. Lo que se siente durante su ocurrencia no puede describirse, pero seguramente constituye la emoción más satisfactoria que alguien pueda tener.

Todo acto de creación se acompaña de la misma sensación, sin importar su carácter específico. Así, un razonamiento acerca del porqué de *x* proceso es, en sí, un acto de creación, y, como tal, idéntico al de una creación artística o de cualquier otra índole. Es la vivencia lo que cuenta, no su relación intelectualizada con un evento o situación.

Encontrar la relación existente entre dos o más variables es crear la relación, por la simple razón de que esta no existe físicamente. Este acto creativo no es ni más valioso ni menos importante que cualquier otro.

El conocimiento es este mismo acto creativo; no es la acumulación de datos, métodos, informaciones o cualquier otro hecho medible y almacenable. El verdadero conocimiento es la creación perenne, puesto que cualquier conocimiento es precisamente un acto creativo.

Un hombre en estado de conocimiento es aquel que ha aprendido a crear todo el tiempo, sin límite, sin intervalo; él es el originador del conocimiento.

DEL PREGUNTAR

Pregunta solo aquel que no sabe; el que sabe ya no lo hace. Las preguntas no necesariamente están siempre entre dos signos de interrogación. Hablar puede ser una pregunta; de hecho es la constante interrogante acerca de la posibilidad de transmitir una experiencia interna. Por ello, quien habla lo hace porque no sabe.

Solamente el que sabe no habla. El saber no es un entender intelectual; es más bien un no preguntar, no verbalizar, esto es, no reducir. El estado de saber es intangible, inmaterial, averbal y —me atrevería a decir— inconsciente. Una persona es lo que no verbaliza, lo que no pregunta, lo que no muestra para mostrar.

Por ello no se debe invalidar, como inexistente, aquello que no se oiga, vea, entienda o se palpe, sobre todo en cuanto al conocimiento de otra persona se refiere. La otra persona es aquello que no trata de transmitir, aquello que no sabe que existe, aquello que calla.

DEL SENTIR Y DE LOS ANÁLISIS

Es cuando uno empieza a dudar que intenta hacer un análisis intelectual. Es cuando se deja de sentir que uno comienza a preguntar. Es solo cuando se vive intensa y auténticamente cuando las preguntas, los análisis intelectuales y la lógica dejan de ser necesarios.

Cuando dudas y te preguntas acerca del valor que tienen las cosas, es porque dejas de sentir y tratas de hacer volver la sensación. No tiene caso esforzarse; sentir no es resultado de un acto de voluntad o de una decisión; es otra dimensión que aparece o no aparece, pero libremente, nunca bajo coacción o imposición.

Es por ello que no vale la pena engañarse forzando sensaciones y sentimientos. Hacerlo tiene solo una consecuencia: la nulidad.

DEL NO VER

Cuando alguien te invalida y te hace sentir mal, solo demuestra que no te está viendo ni te está escuchando a ti. Eres tú, para él, un simple reflejo de su propia visión, una prolongación tentacular de su punto de referencia. La persona que así te ve no sabe aprender de ti, quizás porque no sabe aprender de sí misma.

El mundo, para ella, no existe sino como reflejo de un modelo redundante y cerrado que se ha creado de él. O como una idea o preconcepción del cómo debiera ser. El mundo sí existe, mas es uno el que aprende de él. Cuando se deja de aprender del mundo, significa que se le ha destruido.

DE LAS CONDICIONES DEL APRENDER

Aprender de una persona solo es posible cuando se cumplen dos condiciones: *a)* que aquel de quien se aprende sea auténtico, es decir, que no quiera enseñar, y *b)* que quien aprende no introduzca al otro en una categoría, modelo o valor.

Ser auténtico implica ser sin preguntar ni analizar. Es más, solo es auténtico quien no sabe que lo está siendo, quien no tiene necesidad de saberlo, puesto que lo es.

Pero eso no basta para aprender, es necesario que quien aprenda sea humilde, o sea, que no crea saber lo que va a aprender y, menos aún, cómo debiera ser ese aprendizaje. La razón de lo anterior es obvia: aprender es crear y la creación en esencia es la aparición de algo nuevo, algo que no existe sino en el momento en que aparece. Es darle vida a algo que no se puede predecir, puesto que, si fuera posible predecirlo, dejaría de ser creación y se convertiría en mera repetición.

DEL AMOR

El amor no es ni celos ni necesidad, ni posesión, ni acuerdo, ni lucha. Con el amor no se puede jugar. Solo aparece cuando las cosas coinciden, cuando uno es capaz de crear y de ver, no con ojos de deseo, sino con falta de necesidad; simplemente ver. Cuando así sucede, el amor pierde su carácter monogámico; se vuelve universal y para todos; no hay limitaciones ni requisitos que cumplir. El amor es un coincidir de estados de ser, es un entender sin dudas ni restricciones, sin estructuras ni acuerdos.

El amor es un acto creativo, es la construcción de algo a partir de la nada.

AGRADECIMIENTOS

Gracias a mi padre amado, por dejar a la humanidad este regalo tan grande en todos sus textos e investigaciones. Gracias por haber tenido el atrevimiento de ahondarse en lo más profundo y darnos con sus letras una ventana para comprender un poco más nuestra naturaleza.

Gracias por ser uno de los pioneros en la investigación científica de la conciencia.

Gracias, padre, por enseñarme tantas cosas, acompañarme y cuidarme siempre con tanto amor.

Gracias a mi madre por siempre estar presente y siempre recordar a mi padre con respeto y cariño.

Gracias a mis hijas Ixchel y Leilani, por traer dentro esa herencia llena de sabiduría. Gracias por cuidar con tanto amor el legado de su abuelo.

Gracias a Nicolás por ayudar tanto en la recuperación de la obra de mi padre.

Gracias a la música por ser un canal tan sutil de comunicación con mi padre.

Gracias a todos los amigos entrañables de Jacobo.

Gracias a la familia.

Gracias a todos los científicos que han seguido la investigación en sus laboratorios.

Gracias a la UNAM por apoyar siempre el trabajo de mi padre.

Gracias a Penguin Random House por difundir el trabajo de Jacobo Grinberg en esta nueva edición de sus libros.

Gracias a la humanidad por estar llena de luz a pesar de todo lo que hemos y estamos pasando… Somos seres hermosos, parte de este universo que lo es todo… Somos polvo de estrellas.

Gracias, padre, donde sea que te encuentres. Te amo en lo más profundo de mi ser.

ESTUSHA GRINBERG

Esta obra se terminó de imprimir
en el mes de abril 2026,
en los talleres de Lyon AG, S.A de C.V.,
Ciudad de México.